朋友是财富

刘少影◎编著

天津出版传媒集团
天津人民出版社

图书在版编目（CIP）数据

朋友是财富 / 刘少影编著 . -- 天津 : 天津人民出版社 , 2018.12

ISBN 978-7-201-13984-5

Ⅰ . ①朋… Ⅱ . ①刘… Ⅲ . ①友谊—青少年读物 Ⅳ . ① B824.2-49

中国版本图书馆 CIP 数据核字（2018）第 187247 号

朋友是财富

PENG YOU SHI CAI FU

出　　版　天津人民出版社
出 版 人　黄　沛
地　　址　天津市和平区西康路 35 号康岳大厦
邮政编码　300051
邮购电话　（022）23332469
网　　址　http: //www.tjrmcbs.com
电子信箱　tjrmcbs@126.com
责任编辑　刘子伯
印　　刷　三河市恒升印装有限公司
经　　销　新华书店
开　　本　710 × 1000　　1/16
印　　张　16
字　　数　200 千字
版次印次　2018 年 12 月第 1 版　2019 年 1 月第 1 次印刷
定　　价　39.80 元

目 录
Contents

第1章 理想是金牌，朋友是王牌

第2章 有了朋友圈，发展事业才有靠山

第3章 赢在第一策略：瞬间让你的气场更给力

第4章 建立朋友圈的基础：让别人喜欢你

第5章　主动靠近朋友：得道多助，失道寡助

第6章　朋友圈的黑名单：交朋友的心理障碍要消除

第7章　珍惜朋友资源：绕过朋友圈的雷区

第1章

理想是金牌，朋友是王牌

真诚的微笑可以拉近人与人之间的距离

谁不喜欢笑？笑是上帝赋予人类的一项特权，真诚的微笑可以拉近人与人之间的距离。试想，当你遇到一位陌生人正对着你笑时，你是否感觉到有一种无形的力量在推着你跟他认识；如果你看到的是一张“苦瓜脸”“驴脸”，你还会有好心情吗？你是不是只能对这种人避而远之呢。

微笑，可以消除人与人之间的隔阂、误会。当你跟朋友吵了一架之后，忽然有一天见面时，看到他给你送过来一个真诚友善的微笑，你还能像刚吵完架似的对他憎恨备加吗？

笑，可以缓和紧张的气氛，调节庄重的氛围。在严肃的报告会上，在长时间比较枯燥的课堂上，主讲人适当地开个小玩笑可以打破压抑沉闷的气氛，重新引起听者的注意力。

笑，可以化解客人的不自在。当客人来访，我们以笑脸相迎，会使客人感到自由、轻松和愉快。

有句谚语说得好：微笑是两个人之间最短的距离。人际交往中离不开笑，一个没有笑的世界简直就是暗无天日的人间地狱。

笑，也是美的。就如盐之于食物，是生活中不可缺少的一部分；笑也是无声的语言，但是“无声胜有声”。

温馨来自笑脸，快乐来自笑脸，气质来自笑脸，朋友来自笑脸。

用你的微笑去对待每一个人，那么你就会成为最受欢迎的人。

微笑，它不花费什么，但却创造了许多奇迹。它富裕了那些接受它的人，而又不使给予的人变得贫瘠。它产生于一刹那间，却给人留下难以磨灭的怀念。

它创造家庭快乐，建立人与人之间的好感，它是疲倦者的港湾，沮丧者的兴奋剂，痛苦者的镇静剂。所以，假如你要获得别人的欢迎，请给人以真心的微笑。

有人做了一个有趣的实验，以证明微笑的魅力。

他给两个人分别戴上一模一样的面具，上面没有任何表情。然后，他问观众最喜欢哪一个人，答案几乎一样：一个也不喜欢，因为那两个面具都没有表情，他们不想选择。

然后，他要求两个模特儿把面具拿开，现在舞台上有两个不同的个性，两张不同的脸。他要其中一个人把手盘在胸前，愁眉不展并且一句话也不说，另一个人则面带微笑。

他再问每一位观众："现在，你们对哪一个人最有兴趣？"众人异口同声："是个面带微笑的人。"

上面这则例子充分说明了微笑受欢迎，微笑是成功的基石。

当斯是底特律地区最受欢迎的节目主持人之一，他的受欢迎并不仅仅在底特律而是在全国范围。有的听众写信给这位声音里带着微笑的主持人，说他们已经听到了他的声音及他主持的节目，并且告诉当斯说，他们透过他的声音看到了他的微笑。

当斯经常"戴上一张快乐的脸"去工作，并不是一次，而是经常，他把微笑加进他的声音，配合上帝赋予他的演说水平，使观众如沐春风。

当斯说："当你微笑的时候，别人会更喜欢你，而且，微笑会使你自己也感到快乐。它不会花掉你的任何东西，却可以让你赚到任何股票都付不出的红利。"

微笑是笑中最美的。对陌生人微笑，表示和蔼可亲；产生误解时微笑，表示宽宏大量；在窘迫时微笑，有助于冲淡沉闷的气氛和尴尬的境地。微笑是一种健康文明的举止，一张甜蜜微笑的脸，会让人兴奋和舒适，带给人们热忱、快乐、温馨、和谐、理解和满足。微笑展示人的气度和乐观精神，烘托你的形象和风度之美。

举一个历史上的例子：汉初刘邦去世，匈奴单于欲侵吞汉朝疆土，还写了一封十分欺侮人的信给吕后，信上说："你最近死了老公，我正好死了老婆，看你人老珠黄也不俏了，你就带着江山来跟我过吧。"吕后看了信后，气不打一处来，恨不得杀了匈奴单于。但吕后到底是一个不同凡响的女人。她采取了微笑外交，顺水推舟地回信说："我老了，只怕不能伺候大汗了，不过，我们宫中年轻貌美的人倒是有。"于是，她送了一个宫女和亲，一场毁灭性的灾难躲过了。

当时吕后要是负气动武，结果是可想而知的。因为，早在八年前，刘邦曾亲率大军征讨匈奴，但一战即败，刘邦被困在山西定襄，差一点被活捉。刘邦尚且如此，更不要说吕后了。既然硬的不行，就来软的。刘邦的战略手段失败，吕后的微笑外交却获大胜。

上面的例子表明，微笑外交尤其是处于不利地位的弱者应采取的交际谋略，它使人们在隐忍中生存。

一位实习记者有一次会见某局长，约见时间到了，首先来的却是局长秘书："对不起，请您再等几分钟好吗？"记者以为部长的会议还在开，便又耐心地等了一会儿。

几分钟之后，这位局长满面春风地走出来与他握手寒暄，并带着歉意说："刚才，我在主持一个很重要的会议，表情很认真也很严肃。散会后带着这样一副表情见一位不是很熟的人，担心会给你留下一个不好接近的印象，而且也有失礼貌。所以，我又对着镜子调整了片刻，等心情和面孔都缓和了，才出来和你见面。实在对不起，让你久等了。"

上面的故事虽小，但其意义却很深刻。人的心理是掩饰不起来的，七情六欲常常不经意地流露在面部表情上。会办事的人总是精心地注意调整自己的心境和表情。

所有表情之中，最有魅力、最有作用的，当属微笑。

世界上最著名的微笑是达·芬奇所画《蒙娜丽莎》的微笑，据说日本有位仁兄被她的微笑所迷，每天都对着这幅名画盯两个小时以上，天长日久以致精神错乱，不得不被人送到精神病院，足可见微笑的魅力。而真正因微笑走向成功的应首推美国的商业巨子希尔顿。

美国"旅馆大王"希尔顿于 1919 年把父亲留给他的 1.2 万美元连同自己挣来的几千元投资出去，开始了他壮志凌云的经营旅馆生涯。当他的资产从 1.5 万美元奇迹般地增值到几千万美元的时候，他欣喜骄傲地把这一成就告诉母亲。想不到，母亲却淡然地说："依我看，你跟以前根本没有什么两样……事实上你必须把握住比 5100 万美元更值钱的东西：除了对顾客诚实之外，还要想办法使来希尔顿旅馆的人住过了还想再来住。你要想出简单、容易、不花本钱而行之长久的办法去吸引顾客，这样你的旅馆才有发展。"

母亲的忠告使希尔顿陷入沉思：究竟什么办法才具备母亲指出的"简单、容易、不花本钱而行之长久"这四大条件呢？他冥思苦想，不得其解。于是他逛商店、串旅店，以自己作为一个顾客的亲身感受，得出了准确的答案——"微笑服务。"这没有疑问的同时具备母亲提出的四大条件。

从此，希尔顿实行了微笑服务这一独创的经营策略。每天他对服务员说的第一句话是："你对顾客微笑了没有？"他要求每个员工不论如何劳累，都要对顾客报以微笑，即使在旅店业务受到经济萧条的严重影响的时候，他也经常提醒职工记住："万万不可把我们心里的愁云写在脸上，无论旅馆本身遭受的困难如何，希尔顿旅馆服务员脸上的微笑永远是属于旅客的阳光。"因此，经济危机后幸存的 20% 旅馆中，只有希尔顿旅馆服务员的脸上带着微笑。当经济萧条刚过，希尔顿旅馆就率先进入新的繁荣时期，跨入他的黄金发展期。

微笑在社交中是能发挥极大功效的。无论在家里、在办公室，甚至在途中遇见朋友，只要你不吝惜微笑，立刻就会收到你意想不到的良好效果来。难怪有许多专业推销员，每天清早洗漱时，总要花两三分钟时间，面对镜子训练自己的微笑，甚至将之视为每天的例行工作。

"笑是人类的特权"。微笑是人的宝贵财产。微笑是自信的动力，也是礼貌的象征。人们往往依据你的微笑来获取对你的印象，从而决定对你所要办的事的态度。只要人人都献出一份微笑，办事将不再感到困难重重，人与人之间的沟通将变得更为容易。

有些人在第一次见面时，通常会有一种不安的感觉，存有戒心。唯有真挚友善的微笑，可以消除这种初次见面的心理状态。微笑是友好的象征，是人际关系的润滑剂，一个人脸上时常浮现微笑，会令人感到心中十分温暖。生活中许多人对于不带微笑的寒暄，极易产生不快的感觉。但假如我们有求于别人，遭到别人微笑地拒绝，我们也不至于太过分地抱怨。因为同样是拒绝，如果对方虽然礼貌，却无半点笑容，我们就会觉得受到冷遇，不愉快的心情也就油然而生。

卡耐基在社交总结中发现，很多人在社会上站住脚是从微笑开始的，还有很多人在社会上获得了极好的人缘也是从微笑中获取的，很多人在事业上畅行无阻也是通过微笑获得的成就。微笑是十分神奇的东西，它能在生活中荡开一层层涟漪，把生活的湖泊变成一种源自于生命深处的美感。

任何一个人都希望自己能给别人留下好感，这种好感可以创造出一种轻松自由的气氛，可以使彼此结成和谐的联系。一个人在社会上就是要靠这种愉快的联系才得以立足的，而微笑正是打开愉快之门的金钥匙，正是面对人生的最好勇气。

如果微笑能够真正地伴随着你生命的整个过程，这会使你超越很多自身的局限，获得很多人生真正的价值，使你的生命由始至终春意盎然，辉煌粲然。

1. 微笑可以以柔克刚

法国作家阿诺·葛拉索说："笑是没有副作用的镇静剂。"办事时，可能遇到的人有脾气暴躁者，有吹毛求疵者，有出言不逊、咄咄逼人者，也有与你存有隔阂芥蒂者，对付这些"难对付之人"，含蓄的微笑往往比口若悬河更令人信服。面对别人的胡搅蛮缠、粗暴无礼，只要你微笑冷静，你就能稳控局面，用微笑放松对方的怒意，以微笑化解对方的攻势，从而以静制动，以柔克刚，摆脱窘境。我国乒乓球选手陈新华在一次与瑞典选手的比赛中总是面带微笑。也正是这微笑，使他在最后的关键时刻镇定自若，愈战愈勇，使对手束手无策，手忙脚乱，成为手下败将。

2. 微笑是缓和气氛的"轻松剂"

当客人来访或是你走入一个陌生的环境，由于感到陌生或羞涩，往往会端坐不语或拘谨不安。此时，你若微笑，就能使紧张的神经松弛，消除彼此间的戒备心理和压抑感，相互产生良好的信任感和和谐感。记住：要使他人微笑，你自己必须先微笑。

3. 微笑是吸引他人的"磁铁"

社交中，人们总是喜欢和个性开朗、面带微笑的对象交往，而对那些个性孤僻、表情冷漠之人，则总是敬而远之。一个优秀的电视节目主持人、公关小姐、售货员、政工干部，他们深受人喜欢的奥秘，就是他们具有动人的微笑。

4. 微笑是深化感情的“催化剂”

有人说，微笑是爱情的“催化剂”，是家庭的“向心力”，是人际交往的“润滑剂”；微笑能给人以美的滋润；微笑又是向他人发出的宽容、理解和友爱的信号，面对这样的表示，又有谁会拒绝呢？

5. 微笑是开启心扉的“钥匙”

一个因偷窃寝室同学衣服的女学生，被叫到了老师面前。老师面对这位红着脸低着头的学生，微笑注视良久后，只轻轻说了一句话：“还是由你自己说吧！”学生立即哭了，并主动承认了错误。试想，假若这位老师大动肝火，结果又会怎样？在这里，微笑既是对对方的宽容和理解，也是对对方的教育和诱导，更是对对方含蓄的谴责和批评。

学会微笑吧！

当你面对镜子眉头紧锁，镜中的人也愁眉苦脸；你阳光般灿烂一笑，他同样也阳光灿烂。这样的道理用到人际交往中，就叫作镜子效应。我们都是普通人，每天的心情写在脸上，但必须记住，如果缺乏春风般的微笑，你将无法与别人进行良好的相处。

人要衣装，佛要金装

人有了漂亮的衣装，会显得容光焕发；佛有了金装，会更显法力无边。同样，一个机会若得到了出色的包装，不仅会使其利用价值增加几倍，甚至会令其发生质的突破。一个机会握在手心里，并不意味着你会得到它的全部好处，但是有了漂亮的包装，绝对可以大大提高机会的利用率。

所谓“人和为贵”，衣着正是最得“人和”的第一前提。所以，穿着如果不能满足环境的要求，你很可能就会被摒弃在那个环境之外；即使硬是挤进其中，也会被圈内人排挤。因此，穿衣就像是一个入境随俗的问题，换言之，就是有技巧地穿出自己的“身份地位”，使自己与周围的人打成一片。

在日常生活中，我们常常听到这样的劝告：不要以貌取人。但是经验告诉我们，人是相当难以貌取人的。从人的审美眼光出发，爱美之心人皆有之，人们对美的认识，很多时候是从第一印象中萌发的，而人的仪表恰好承担了这一“特殊”的任务。

良好的仪表犹如一篇由关系密切却又成对比的乐章所组成的交响曲，基础主要贯穿全曲，使得每一乐章都截然分明，却又一脉相承。它不仅能够给自身提供信心，也能给别人带来审美的愉悦，既符合自己的心意，又能左右他人的享受，使你办起事来信心十足，一路绿灯。

美国的心理学者雷诺·毕克曼做了以下有趣的实验。

在纽约机场和中央火车站的电话亭里，在任何人都可以看到的地方，放了10分钱，等到一有人进入电话亭，约两分钟后敲门说：“对不起我在这里放了10分钱，不知道你有没有看到？”结果退还硬币的比率，询问者服装整齐时占

77%，而询问者衣着寒酸时则占 38%。

进入电话亭里的人在被服装整齐人的询问时，可能会察觉服装整齐的人可能跟自己说了很关键的话；而面对衣着寒酸的人，因为在不想接触的念头下，不想去理会对方的质问，所以根本没有听清楚他说的话，就开口回答“不”，企图驱赶对方。

尽管许多有学识的人不修边幅，不太注重自己的仪表形象，但那毕竟是少数。对于大多数人，尤其需要出现在正式的社交场合的人来说，仪表至关重要。质于内而形于外，文化修养高、气质好的人，懂得如何修饰自己的形象。仪表端正体现了一个人的修养、品位格调，也是对人和周围环境的尊重。

美国行为学家迈克尔·阿盖尔做过实验：当他以不同的仪表妆扮出现在同一个地点，得到的反馈相当不同。当他身着西装以绅士的面孔出现时，无论是向他问路还是打听事情的陌生人都彬彬有礼，显得颇有素养；而当他装扮成流浪者模样时，接近他来对火或借钱的人以无业的游民居多。尽管不能以貌取人，但人际交往之中仪表表达出的意义胜过语言，完全可以透视出一个人的灵魂和内在气质。

何况，衣服可以掩饰身体上的缺陷，可以强调身体上的美点，可以增强当事人的权威，可以激发他人的认同，也可以减低对方的敌意，获得对方的支持。但如果你不懂得通过服装来展示自己，很可能就会得到相反的效果，所以无论你从事哪一种职业，你对穿着的问题都不可不理不睬。

大家平时喜欢穿休闲装，因为它舒服、自由，对人没有约束感，而套装往往容易被忽略。

套装对上班族来说，永远都是一项最有力的门面。穿着套装为你增添的沉稳度和专业感，不知能省下多少唇舌和精力呢！所以，即使你已经拥有人人称羡的事业，套装依然是你的必备品。

你注意到没有，工作休闲装让有些办公室看起来是一团松散？每到星期五能随便穿着的时候，或是你自己能够每天穿着休闲装的时候，是不是总有轻松自如的感觉？但是你或是你的同事们，却未必懂得这里的真正意蕴。

卡通画家斯科特·亚当斯专门从事商业卡通画的创作，他写道：“我喜欢在工作室里一身休闲的打扮，那代表着毫不声张和一种兴趣爱好。”

正式的工作环境中，自然应选择庄重、优雅的服饰。即使平常喜欢穿着随意、不修边幅的人，在庄重的社交场合也不应自作主张，那样会使人产生不尊重别人的感觉。相反，在一些轻松、愉快的社交场合，或个人的业余文娱活动中，则可选择活泼、鲜艳、式样时尚一些的服饰，使人感到富有生活情趣，不拘一格。

有许多人，常感觉自己的能力、人缘并不比同事差，但为什么升迁的机会，却落在能力逊于自己的人之后？问题的答案可能和“衣着对事业成功的影响力”有关系。

所以，如果你是一个年轻人，正踏入事业的开场，担任着一般的内勤工作，你就从现在开始注意你在办公室里的穿着吧！

一般说来，所有公司里办公衣着的最高效用是：它可以构成力量和权威。简单地解释，就是通过衣着，让别人认可你的能力。还有，某些衣服会使人更受人欢迎，你也可以利用服装的这点特性来争取更多的友谊，从而拓展你的朋友圈。

好的开场白，好的后续

人心是很微妙的，同样是与人交谈，但有的说话方式会令对方厌烦，而有的说话方式却会令对方不由自主地产生喜感。卡耐基因此告诉人们，若想把自己表现得更好，形成圆满的人际关系，就应善加利用这种“卷入效果”——常用“我们”一词。

用“我们”将是一个最好的开场白，把对方于无形之中拉进了自己的圈子，就算对方想走也得找个合适的理由。用“我们”不仅缩短了彼此间的距离，还促进彼此间友好的关系，要对对方动之以情，主动地先去了解对方的苦恼与欲求。这种了解作用，心理学上称为“共感”，或称“感情移入”。要记住的是，您必须先对对方表示“共感”，对方才会对你表示“共感”。所以，首先你必须运用心理谋略，做出“共感”的姿态，这种姿态一旦用熟了，也就会真正产生出彼此的“共感”来。

好的开场白，除了距离的问题外，也必须投其所好，从兴趣下手，先入为主。

凡是拜访过美国前总统西奥多·罗斯福的人，无不对他广博的知识感到惊讶。无论对一个牧童、猎骑者、纽约政客，还是一位外交家，罗斯福都知道该同他谈些什么。那么罗斯福是如何做到这一点的?

其实答案很简单。无论什么时候，罗斯福每接见一位来访者，他就会在这之前的一个晚上阅读这个客人所特别感兴趣的材料，以便见面时找到令人感兴趣的话题。

这就是与人沟通的诀窍，即谈论他人最高兴的事情，因为兴趣是具有感染性的。

有一位自由撰稿人曾经与某出版社的主编多次进行出书条件的交涉。虽然试着想找出双方都能满意的条件，但是总觉得还是差了那么一步。

大概在交涉了七八次后的某一天，由于商讨的时间过长，双方都感到疲惫，于是换了场所，到附近的一家咖啡馆内。

主编是一个爱好打保龄球的人，而自由撰稿人也喜欢这个运动，所以坐下来时，自由撰稿人先开口提道：

“上个礼拜天，我到保龄球馆打球，可是手气很差，没什么战绩。”

话一说完，观察对方的反应，果然不出所料，主编便兴致勃勃地问：

“怎么？你也喜欢打保龄球吗？”

“我虽然不擅长，不过却很热爱这种休闲活动，常常去打。”

“哈！哈！其实我也蛮喜欢这玩意儿，几天不摸球就手痒痒。”

“战绩如何？”

“最高分是 258。”

“嗬！这可是专业水准了。”

一谈到感兴趣的话题，主编情绪就越来越高涨，并互相约定下次一同去打球，而且还说了一句很关键性的话：“这个约定和出版的条件无关，完全是两码事。”但几天后，双方便订了合同，而且是按照自由撰稿人所要求的条件订立的。

兴趣，在人际圈中是一只无形的利剑，可以斩断任何难缠的荆棘。

有时候一般的交谈是由“闲谈”开始的，说些看来好像没有什么意义的话，其实就是先使大家轻松一点、熟悉一点，构造自由交谈的气氛。

当交谈开始的时候，我们不妨谈谈天气，而天气几乎是中外人士最常用的普遍的话题。天气对于人们生活的影响太密切了，天气很好，不妨同声赞美；天气太热，也不妨交换一下彼此的苦恼；如果有什么台风、泥石流或是季节流行病的消息，更值得拿出来谈谈，因为那是人人都希望了解的。

如果你到了一个朋友家里，在客厅里看到他孩子的照片，你就可以和他谈谈他的孩子；如果他买了一台新的电脑，你就可以和他谈谈电脑；如果他的窗台上摆着一个盆景，你就可以跟他谈谈盆景；如果他正患着胃痛，你就可以跟他谈谈胃和胃药，关心对方的健康，往往是亲切交谈的极佳话题。

不言而喻，尽管每个人掌握了对方的兴趣，找好了谈话的素材，但不一定就意味着会有一个好的开场白，所以每一个人都希望自己具有从容自如的说话信心，梦求自己能展示超凡脱俗的说话魅力。但是，我们须知，说话的信心和魅力如何，与说话的水准和技巧是休戚相关的。敢于说话而不善于说话，不行；善于说话而不敢说话，也不行。只有既敢于说话又善于说话，才能如虎添翼，锦上添花，产生较好的交际效果。

由此可见，一个人的谈吐可以充分体现其魅力、才华及修养。除了敢于说话又善于说话外，还得注意自己说话时的一些附加语。首先，谈话前须经过思考，信口开河、文不对题会给人一种不认真和啰唆的感觉。其次，要学会倾听。交谈中要细心观察和分析对方的兴趣和个性，注意耐心地倾听。随便插话、东张西望、心不在焉既不礼貌，也会令对方产生反感。再次，注意表达的艺术，节奏不要太快，语调应抑扬顿挫，有跌宕的音乐美感。摇头晃脑、指手画脚等不大方的动作应尽量避免。另外，用词要注意文明。还有，要保持真诚、热情、大方的交谈态度，虚情假意、言不由衷，或傲慢自居、口是心非，或躲躲闪闪、转弯抹角，或冒昧发问、多嘴多舌等都会破坏交往的形象和谈话气氛。

最后，好的态度有如磁石，吸引着朋友和听众；不友好的态度有如恶臭，使别人掩鼻躲避。

我们盼望结交新朋友，态度友善地与陌生人谈话，我们同某人说话，或聆听他们说话时，都要正视他们。我们要既宽容又仔细地聆听，即使我们可能并不赞同他们所说的话。

我们平等地对待他人，聆听既沉闷又无趣的谈话，因为，他们的内容也自有一套道理。不要咄咄逼人地追问。要试着在陌生人身上寻找特别的美丽，然后真诚地称赞他们。要以友好的态度让陌生人谈到自己，以便认识他们，结交更多的朋友。

总之，我们每天、每时、每刻都可能会出现在一些不同的场合，而在这各种场合我们都需要说上几句合适的话。如果这几句话的确说得恰到好处，那就能帮我们很大的忙，帮我们解决许多问题，克服许多困难，消除许多麻烦，对我们的工作、生活都大有益处。

总之，我们每个人都要下苦功夫增强自己说话的信心，提高自己说话的魅力。因为只有如此，才能避免在社会活动中出现失败，才能避免在工作、生活上遇到很多困难，才能促进自己事业的成功，使自己的生活变得五彩斑斓、舒心愉悦。

如何增强说话的信心和说话的魅力呢？

1. 累积交谈的题材

无论你多么善于及时发现适合交谈的题材，也需要对谈话的题材有相当的积累，否则，巧妇也难为无米之炊。

做一个有文化有素养的人，每天至少应当阅读一份报纸，每月应该阅读两三种期刊；从无线电广播里，你也可以吸收一些有用有趣的信息。你还可以去听演讲，去参观展览会，看戏、看电影、听音乐家的演奏，参加当地社会的各种活动，对于当前许多重要的事件，给予密切的关注与不断的关心。

倘若把你所想到的一切与你个人的生活经验相结合，那么，你交谈的内容就更丰富生动了。每一个人的生活里都有许多可以打动别人的事情，倘若其中有些事情正和大家谈的题材有关，把它拿出来作为谈资，这时，交谈的内容就因为加进了个人亲身经历的材料而使人觉得更亲切。

2. 用寒暄语扣住对方的心弦

一般而言，寒暄被认为是个单纯的礼仪，但如果其中能加入些了解对方所处立场的话题时，那么寒暄就不只是打招呼，而是一种感情的投入。

现代社会，由于现代生活的快节奏，人们的时间变得越来越宝贵，寒暄就显得尤为重要，寒暄可以用夸奖的方式，招呼、点头的方式，询问的方式，等等，这可以让你无往不利。

你的语言想要吸引人，那么从一开始就应该抓住开场白。

有很多人不太善于抓住谈话的开端，认为与初见面的人谈话是一件苦差事，因而总是不太喜欢先开口说话。那么，这些人为何唯唯诺诺不敢去抓住谈话的开端呢？

一言以蔽之，就是他们的内心有一种错误的想法，认为要交谈，就必须使这场谈话完美无瑕，否则不如不谈的好。换句话说，他们的心里始终想着：如果讲一些无关紧要的废话，必定会遭受到对方的讽刺；如果讲一些不痛不痒的话，那么对方一定会感觉到索然无味……就是因为心存这种念头，所以他们才不敢轻易地开口。

其实，要使交谈能够开花结果，首先必须把内心的疙瘩除去，不必太过于担心对方的心意和期待，想到哪儿，就说到哪儿，如此就打开话匣子了。事实上，不管是多么能言善道的人，并不见得从头到尾都能够妙语生花，讲出一些动人心魄的言辞。或许在神经放松之后，才会有一些感动人的言辞出现呢！

润滑人际关系的良方

世界闻名的幽默大师林语堂曾说：“达观的人生观，率直无伪的态度，加上炉火纯青的技巧，再以轻松愉快的方式表达出你的意见，这便是幽默。”

所以，幽默不是可爱，也不是尖酸刻薄，它应该包含了智慧、亲切、真诚，并带着丰富的人情味儿。我们且举个小故事来看：

法国有一位贵族议员，他很瞧不起平民议员的家世。有一次他当着平民议员的面说：“听说你的父亲是医猫医狗的兽医！”那个平民议员马上反唇相讥：“是的，你有病没有？”

幽默的力量体现在它可以润滑人际关系，消除郁闷，解除人生压力，提高生活的品位。它可以把我们从各人的躯壳中拉出来，使我们和他人相处时不至于压抑；它可以化解冰霜，使我们获得益友；它还可以使我们精神振奋，信心陡增，使我们脱离许多不愉快的情境。

我们最好凭着幽默的力量，以表现谦虚、关注他人来成就伟大。

有一位年轻人刚刚当上了董事长。上任第一天，他召集公司职员开会。他自我介绍说：“我是杨皓，是你们的董事长。”然后他打趣道，“我生来就是个领导人物，因为我是公司前董事长的儿子。”参加会议的人都笑了，他自己也笑了起来。他以幽默来证明他能以平等的态度来看待自己的地位，并对之具有充满人情味的理解。实际上他委婉地表示了正因为如此，我更要跟你们一起同甘共苦，让你们改变对我的看法。

不过，一个幽默感十足的人，他最大的魅力并不止于谈吐风趣、会说话而已，他还能在紧急关头发挥才气，以一种了解、体谅的态度来待人处事、化解僵局。

比如美国马萨诸塞州议会某议员，因劝告一位正在发表冗长而乏味演讲的议员先生结束演讲，而被对方斥责“滚开”。他气冲冲地向议长申诉，议长说：“我已查过法典了，你的确可以不必滚开！”

幽默的魅力不光体现在语言上，在现代人际交往中，幽默感越来越重要，甚至被誉为没有国籍的亲善大使。无论你从事什么职业，幽默都能使你顺利地克服困难，在社交场合建立起和谐的人际关系，让你成为一个能克服困难的、乐观的、能得到别人喜欢和信任的、在交际场中游刃有余的人。

人人都喜欢和机智风趣、谈吐幽默的人交往，而不愿和动辄与人争吵的人，或沉默寡言、言语乏味的人来往。幽默，可以说是一块具有强磁场的磁石，以此吸引着大家；也可以说是一种调换剂，使烦恼变为欢畅，使痛苦变成愉快，将尴尬转为融洽。

某大学植物系有一位植物学教授，开的课虽然是冷门课程，但只要是他的课，几乎堂堂爆满，甚至还有人站在走廊边旁听，原因并不是这位教授专业知识有多渊博，而是他的幽默风趣传遍了全校园，使得学生们都乐意上这位教授的课。

有一次，该教授带领一群学生深入山区去做校外实习，沿途看到许多不知名的植物，学生好奇地一一发问，教授都详细地回答解说。一位女同学忍不住停下了脚步，对着教授赞叹地说：“老师，您的学问好渊博呀，什么植物都知道得那么清楚！”教授回头眨了眨眼，扮了个鬼脸笑道：“这就是我为什么故意走在你们前头的原因了，只要一看到不认识的植物，我就先下脚为强，赶紧踩死它，以免漏陷儿！”学生们听了个个笑得合不拢嘴，这次实习之旅是一趟充满了欢乐的学习之旅。

当然教授只是开了个玩笑，幽默一下而已，但这就是他广受学生喜欢的原因。懂得将严肃搁在一边，将幽默摆在中间，你我都可以成为一个广受欢迎的人！

人际交往中，磕磕碰碰总是经常的事，遇到许多棘手的问题或尴尬的局面，恰当地运用幽默，能产生出乎意料的效果。

公共汽车上，一位女乘客不停地打搅司机，车子每行一小段，就要司机提醒他，她要在哪里下车。司机一直很耐心地奉陪，直到她大叫：“但是我怎么知道我要下车的地方到了没有？”司机却幽默地说：“你只要看我脸上笑开了，就知道了。”

还有一个故事，小镇上一家酒馆的老板脾气不好，听不得半句坏话。一次，一个过路人在此喝酒，刚喝了一口，就忍不住叫起来：“酒好酸。”老板听后大怒，吩咐伙计操起棍子准备揍这个人。这时又进来一位顾客，问：“老板为什么打人？”老板说：“我卖的酒远近闻名，这人偏说我的酒是酸的，你说他该不该打？”这个人说：“让我尝尝。”刚尝一口，那人眼睛眉毛都挤在一起，脱口说道：“你还是把他放了，打我两棍子吧。”大家情不自禁大笑，一句幽默的话语平息了一场纠纷。

一句诙谐的话就把彼此的矛盾融化了，紧张的气氛一下子变得轻松了，自然而然他的人缘一定很好了。

有一次，有位禅师在佛殿里跟大家一起念经诵早课，忽然咳嗽了一声，一口痰涌出来，脱口而出，吐在身边的佛像上。管理纠察师看到以后就责骂他说：“岂有此理！怎么可以把痰吐在佛身上呢？这是对佛的大不敬，罚你挑水做饭十天！”

这位吐痰的禅师又再咳嗽了一下，对纠察师说：“好吧，是我的不对。但是我现在还要再吐痰，请您告诉我，我应该吐在哪里才算对？佛经上说佛性遍满虚空，法身充满宇宙。佛的法身是遍满虚空、充满法界的，哪里没有佛，哪个地方佛不存在？”

纠察师转怒为喜，高兴地夸奖了这个禅师，处罚当然也取消了。

幽默，还可以阻止你去得罪人，让你八面玲珑，使一切困境迎刃而解。

幽默还可以让人放松心情，拉近彼此的距离。发生争执的时候，适时的笑话又可以化干戈为玉帛。

有时我们确实需要以有趣并有效的方式来表达自己的感情，给人们提供某种关怀、情感和温暖。

据说有一位大法官，他寓所隔壁有个音乐迷，常常把电唱机的音量放大到使人难以忍受的程度。这位法官无法休息，便拿着一把斧子，来到邻居门口。他说:“我来修修你的电唱机。”音乐迷吓了一跳，急忙表示抱歉。法官说：“该抱歉的是我，你可别到法庭去告我，瞧我把凶器都带来了。”说完两人像朋友一样笑开了。

尽管幽默魅力无穷，但也有不少人的观念中存在这样一个误区：幽默是对外的，是社交场合不可缺少的因素，至于亲人，特别在家里，一本正经就够了。其实，现代的家庭就是一个小社会的缩影，自己人之间也需要包括幽默在内的各种润滑剂，不然，家庭的活力就会消失。

夫妻无疑是家庭的核心，夫妻和谐是家庭幸福美满的基础。不能把相濡以沫或恩恩爱爱当作夫妻关系的唯一表达方式；父母与子女之间也不仅仅是板着面孔的严肃与恭敬孝顺的对应。幽默与相敬如宾并不绝对矛盾，情意绵绵中的幽默更是不可缺少的，至于缓解别扭、消除矛盾，更是幽默的神奇功能。适宜的幽默，会使你的家庭运行得更加顺利，让你的家中充满欢声笑语。

正如劳伦斯所说：“世俗生活最有价值的就是幽默感。作为世俗生活的一部分，爱情生活也需要幽默感。过分的激情或过度的严肃都是错误的，两者都不能持久。”

对于一对恋人来说，双方之间的默契和幽默具有一种特殊的功效：它使双方在片刻之中发现许多共同的美妙的事物——从前的、现在的、将来的，从而使时间和空间暂时原封不动，只留下美好的欢乐的回忆。

可以这么说，如果爱没有幽默和笑，那么爱有什么意义呢？

甚至有人说，幽默是爱的源泉。

幽默有时是文雅的，有时是含有暗示用意的，切忌在交际中开低级趣味的玩笑，以此为幽默，低级趣味的玩笑形如嘲讽。有时一句普通的讥讽会使人当场丢脸，反目成仇，所以在社交场合中，幽默应该显示人的高尚、高雅才好。

在社交场上，幽默不是无孔不入的，应恰如其分，因地因时制宜。比如大家正聚精会神地在讨论研究一个具体问题，你突然插进了一句全无关系的笑话，不但不能令人发笑，反而使人觉得讨厌。

有个美国人，一心想得到某俱乐部主席的位置，在一次对俱乐部成员的演说中表现过了头，在不到两小时的演说过程中，他至少说了 60 则笑话，并配以丰富的表情和确实引人发笑的姿态，听众们被逗得哈哈大笑。末了，在他讲完最后一则笑话时，有人大叫：“再来一个！”这位老兄也真的再来了一个，再次把人逗得疯狂大笑，但是他没有当上俱乐部主席，他的票数是候选人中的倒数第二。

当他闷闷不乐地走出俱乐部时，他问那位喊“再来一个”的听众：“你说我比他们差吗？”

“不，一点也不差，”那人说，“你比他们有趣多了，可以去当喜剧演员。”

这个人就是犯了不分场合幽默的大忌，造成了适得其反的效果。可见幽默是好，但也不能随便开，幽默要自然，要灵活。

幽默要像空气，弥漫在世界的各个角落，才能真正地发挥“笑”果。

如果一曝十寒，平时压根儿忘了幽默为何物，过了许久才突然想起，急着找乐趣，那么很容易发现心情已尘封到不知道如何重返快乐家园，那会让人更痛苦、更沮丧。

那么，怎样保证自己能“幽默常在”呢？请你在日常的生活中多做幽默“深呼吸”。

1. 心中充满幽默思想

对生活丧失了信心的人不可能再运用幽默的资本，整天垂头丧气的人也无法享受幽默的妙用。因此，能够幽默的人首先应该充满对生活的期望和热爱，自信地对己对人，即使身处逆境也应该快乐。

要使自己变得幽默，快乐是幽默的源泉，拥有快乐，不仅可以常给自己幽默，还可以让别人幽默起来。怎样才能保有“快乐”呢？秘诀之一是自娱自乐。这一点每个人都会，但最好不要敷衍了事。心情忧郁时，找点自己愿意做的事，使情绪转向欢乐的方向。

2. 收集资料

幽默是可以学习的，因此为了开发自己的幽默资源，就必须先进行资源共享。多读些民间笑话、搞笑小说，多看一些喜剧，多听几段相声，随时随地收集幽默笑话。你可以将幽默、有趣的文章剪贴，并加以分类整理。

周围世界中充满了幽默，你得睁大眼睛、竖起耳朵，去倾听，去收集。这里有两则生活中极幽默的广告和标语：“欢迎顾客踩在我们身上！”这是瓷砖和地板商店门口的广告。另一则是花店门口的广告：“先生！送几朵鲜花给你所爱的女人吧，但同时别忘了你太太。”

幽默来源于两个世界，一个是你真诚的内心世界，一个是生活中无处不在的客观世界。当你用智慧把两个世界统一起来，并有足够的技巧和用创造性的新意去表现你的幽默力量，你就会发现自己置身于趣味的世界中，人际关系由此顺畅起来，成功也就指日可待了。

善始者方有善终

每个人都希望自己能得到别人的尊重，获得别人的肯定。但要做到这一点却并不容易。人与人之间的交往在于“互酬”——如果你要别人尊重你，你就要先尊重别人。

英国谚语有云：善始者方有善终。第一印象的重要性不言而喻。你与人打招呼的方式、介绍别人或自我介绍的方式很可能决定着以后整个交往过程的顺利与坎坷。倘若你留给人的第一印象不佳，那么你可能需要花费很大的力气才能弥补缺陷，重新塑造你的形象。

敬语和谦语的适当运用，让人觉得你彬彬有礼，很有修养。它可以使互不相识的人乐于相交，熟人更加增进友谊；请求别人时，可以使人乐于给予帮助；发生矛盾时，可以相互谅解，避免争吵；洽谈业务时，使人乐于合作；在批评别人时，可以使对方诚恳接受。

你可以尝试一下，把尊重放在天平上，使别人觉得自己重要，如同你以为自己重要一样，这样你得到的也会很多。

尊重人，就是要把别人作为重要人物对待，而不能轻视他。只有尊重别人，别人才会尊重你。

“种瓜得瓜，种豆得豆”，这条谚语所蕴含的哲理运用到社会交往中很是恰如其分。你尊重了你的观众，那你得到的就是观众对你的掌声和拥护。

你尊重别人，别人也会尊重你；你喜欢别人，别人也会喜欢你。让别人喜欢你，实际上，这就是你喜欢别人的另一个侧面。美国著名学者威尔·罗杰斯曾经说过一句很有名的话：“我从没遇到一个我不喜欢的人。”这句话或许有一点夸张，但我相信，对威尔·罗杰斯来说确实如此。这是他对人们的感觉，正因为这样，人们也都对他敞开心怀。

当然，有时也会因为彼此想法不同，使得你要喜欢某个人格外困难，这是很自然的事。有的人生性就比别人更招人喜爱。但是，我们知道，每一个人确实都有他值得尊重，甚至可爱的秉性。

在人际交往中尊重别人的人格是赢得别人喜爱的一个重要条件。人格，对每个人来说，都是最珍惜、最宝贵的。对每一个人来说，他都有这样一个愿望：使自己的自尊心得到满足，使自己被认可、被尊重、被赏识。如果你不尊重他的人格，使他的自尊心受到了伤害，当时，他或许会一笑了之，但是，你却严重地打击了他。事实上，如果你表示出了对他的不尊重，即使他当时对你还是很友善，但是，如果他不是一个精神境界极高的人，他以后是不会很喜欢你的。这样，你就“赢得了战场，而输掉了战争”。

相反，如果你满足了他的自尊心，使他有一种自身价值得到实现的优越感，那么，这表明你很尊重他的人格，你帮助他获得了自我实现。他因此会为你所做的一切表示友好，对你有一种感激之情，他便会喜欢你。

一些高明的政治家是精于此道的。为了笼络人心，赢得别人的拥护和支持，他们绝不轻易伤害别人的自尊和感情。一位评论华盛顿政治舞台的专家指出：“许多政客都能做到面带微笑和尊重别人，有位总统则不止如此。无论别人的想法如何，他都会表示同意。他会盘算别人的心思，并且能掌握这些心思的动向。”

不要贬低别人的人格，不要刺伤别人的自尊心，因为，只有尊重别人，别人才会喜欢你。你满足别人的精神需求，别人才会满足你的精神需求。

尊重自己的朋友，就意味着尊重你自己，也会获得朋友的尊重。每个人都有自己的忌讳，或明或暗，此时，你应当细心些，仔细品味，就能够发觉你需要注意的。

尊重别人不是要耍嘴皮子就可以了，你必须付诸行动。你可以按照下面几点去做：

1. 不要总是自命清高，容不下别人的批评和建议

对于别人的批评、意见，你要虚心接受，即使有不对的地方，你也不要当面反驳。不要什么事都认为自己正确，你应该学会站在别人的立场考虑问题，这样就会改变你固执的做法。

2. 对你周围的人要宽容

别人一不小心得罪了你，并再三向你道歉，你却仍然骂骂咧咧，得理不饶人，结果只会导致你们之间的关系越来越疏远，最终失去一个朋友或能做你朋友的人。

3. 不要在别人面前装出一副冷漠的神情

你冷漠地对待别人，别人会以为你瞧不起他。如果你周围的人诚恳地向你征求意见或诉说苦闷，你却显出一副心不在焉、不感兴趣的样子，即使你心里并没有不尊重对方的意思，可你的行为已经伤了对方的心。

4. 不要贬低别人的工作能力

当你周围的人在某一方面做出成就时，你应该给予适当的赞扬，而不是对其成就进行有意无意的贬低。即使你周围的人工作能力不强，你也不要贬低。否则，不但会使你们的交往不顺利，还会激起更深的矛盾，甚至反目成仇。

赞美是一种有效的情感投资

根据调查显示：良好的人际关系是事业成功的要素。成功学家卡耐基告诉我们，与人相处的最大诀窍是给予真诚的赞美。可以说，赞美别人加上你聪明的脑袋和实干的精神，你的事业离成功就不远了。

赞美别人是一种有效的情感投资，而且投入少、回报大，是一种非常符合经济原则的行为方式。对领导的赞美，让领导更加赏识与重用你；对同事的赞美，能够增进感情，使彼此愉快地合作；对下属的赞美，能赢得下属的忠诚，换得他们的工作用心和创造精神；对商业伙伴的赞美，能赢得更多的合作机会，赚得更多的利益；对妻子或丈夫的赞美，使夫妻更加甜蜜；对朋友的赞美，能赢得崇高的友谊。

因为人类有一个共同的弱点，那就是爱慕虚荣，其特点他们在做觉得没有多大把握的事情时，往往极乐意看到自己在这些没什么把握的事情上表现不凡，获得别人的称赞。当你对他们这些没把握的事情中的任何一件加以赞扬时，都会产生你所期望的功效。

吉斯菲尔告诉我们："几乎所有女人，都是很质朴的，但对仪容妩媚，她们是至深癖爱、孜孜以求的。这是她们最大的虚荣，并且常常希望别人赞美这一点。但是对那些有沉鱼落雁之容、闭月羞花之貌的倾国倾城的绝代佳人，那就要避免对她容貌的过分赞誉，因为她对于这一点已有绝对的自信。如果，你转而去称赞她的智慧、仁慈，如果她的智力恰巧不及他人，那么你的称赞，一定会令她芳心大悦、春风满面。"

林肯自己也说："一滴甜蜜糖比一斤苦汁能捕获到更多的苍蝇。"

人不分男女，无论贵贱，都喜欢听合其心意的赞美。同时，这种赞美，能给他们加倍的才华、成就和自信的感觉。这的确是感化人的有效策略。

人们对赞美是极乐意接受的，对背后的言语是敏感的，再自信的人也在乎别人的评价和看法，人人都希望自身的价值能得到客观的赞同，尤其是女性，背后的话，对她们的影响力更大。

赞美就像浇在玫瑰上的水；赞美的话并不费力，却能成就大业。我们要下定决心努力对自己的亲人、朋友甚至每一个人加以赞美，并把它变成一种习惯。

卡耐基提醒我们：说句好话轻而易举，只要几秒钟，便能满足人们内心的强烈需求，注意看看我们所遇见的每个人，寻觅他们值得赞美的地方，然后加以赞美吧！

这是卡耐基对我们的忠告，也是我们经营朋友圈的最强守护神。

美国商界年薪最先超过 100 万美元的人之中有一位是查尔斯・史考伯，他在 1921 年由安德鲁・卡内基选拔为新组成的美国钢铁公司的第一任总裁，而当时他只有 38 岁。

为什么钢铁大王安德鲁・卡内基要付给史考伯一年 100 万美元的薪资，即一天 3000 多美元呢？

因为史考伯是一名奇才吗？不是。因为他对钢铁的制造知道得比其他人多吗？也不是。史考伯的手下有许多人，他们对钢铁的制造，知道得比他还多。

史考伯说，他得到这么多的薪金，主要是因为他与人相处的能耐。他是如何与人相处的，以下就是他以自己的话语说出的秘诀：

“我认为，我那能够使员工鼓舞起来的能力，”史考伯说，“是我所拥有的最大资产。而使一个人发挥最大能力的方法，是赞赏和鼓励。”“再也没有比上司的批评更能抹杀一个人的雄心。我从来不批评任何人。我赞成鼓励别人工作。因此我善于称赞，而讨厌挑错。如果我喜欢什么的话，就是我诚于嘉许，宽于称道。”

所以，赞美的话都应该说出来，让对方知道，如果你以为只埋在心里就行了，那就大错特错了。

有对夫妻，先生每天早晨有边吃早餐边看报的习惯。有一天，当他叉起食物往口中放的时候，觉得不像往常，赶紧吐出来，拿开手中正看着的报纸仔细一瞧，竟然是一段菜梗！他立刻把妻子喊过来问。

妻子说：“喔！原来你也知道煎鸡蛋与菜梗不同啊！我为你做了 20 年的煎鸡蛋，从不曾听你吭过一声，我还以为你食不知味，吃菜梗也一样呢。”

由此可见没有表达出来的赞美，是没有人知道的。

我们承认卡耐基的训言：真诚的赞美很容易打动对方的心，但是，有时候直接地赞美却有可能引起对方警觉，令其存有戒心，觉得你是因为有所企图才这样阿谀逢迎，溜须拍马。所以，“借”他人之口进行赞美确是一种很好的方法。例如说：“别人都说你……故我今天特来请教。”意思就不是你一个人的评价了，而是大家的评价，无形之中扩大了被赞美者的声誉，效果更佳。

那么，如何真诚地利用天下最美的语言去赞美别人呢？

1. 出自真诚，源自真心实意

人们慨叹赞美别人难，是因为在乎自己太多，即使赞美，也不是出自真心。古语说：“精诚所至，金石为开。”只有真诚的赞美，才能使人感到你是在发现他的优点，而不是以一种功利性手段去掠夺他的利益，从而达到赞美的最高目的。

中央电视台体育评论家宋世雄有一次“打的”到中央电视台转播一场比赛。“面的”司机将他送到电视台后说：“宋老师，转播完球赛都深夜一点了，您怎么回呢？我夜里一点再回来接您！”多年以后，宋世雄还回忆说：“人生当中，还有什么比这种真挚的关心和赞美更珍贵呢？这位终日在大街小巷中奔忙的司机并不懂公关技巧、公关心理，但他有一颗关爱别人的善良之心。”

这位司机一句源自真心的关切，将自己对宋世雄的赞美之情寓于生活之中，感人肺腑。因此赞美有时没有必要刻意修饰，遣词造句，只要源于生活，发自内心，真情实意，就会收到极佳的效果。

2. 从小处着眼，无“微”不至

常言说：勿以善小而不为，勿以恶小而为之。赞美别人时，“勿以善小而不赞”，因为凡夫俗子不可能有许多大事值得赞美，千万不要吝啬，一定要慷慨地从小事上称赞别人。

一位商场的警卫在巡逻时发现库房门口的灭火器坏了，马上报告给经理，经理派了有关负责人换上新的。几个月过去了，谁也没把这事放在心上。有一天，库房突然失火，被及时扑灭了。事后，经理想到了那位细心的警卫，如果不是他发现灭火器已坏并及时进行换新，公司库房就有可能遭受损失。于是，经理在事后的救人表彰大会上表扬了这位警卫，并代表公司向其致谢，号召其他职工向他学习。事隔数月，经理居然还能记得警卫的报告，着实让他心里感到暖和，以后警卫在工作中更加尽心尽职了。

3. 知己知彼，伺机赞美

赞美别人之前，必须对被赞美者的基本情况了如指掌，比如对方的优点和长处，他的缺点、弱点，还要熟悉对方的爱好、志趣、品格等，这样才能避免泛泛而谈或者无话可说。知己知彼，方能百战不殆。

要赞美他引以为自豪的事情。在一个人的人生道路之上，有无数让他们引以为自豪的事情。真诚地赞美这些事情，可以使你更好地与人相处，可以使他人容易接受你的赞美，可以使他人感到幸福。对于一位老师，最希望别人称赞他教过的学生；对于一位默默无闻的母亲，可以称赞她很有出息的孩子；对于一位老人，可以赞颂他一生事业的成功之处。

楚汉战争刘邦打败项羽之后，刘邦逐渐产生了自满情绪，常常疏于朝政。一次，刘邦生病后整日躺在宫中，不理朝政，连跟随他驰骋沙场的开国元勋周勃、灌婴等的劝谏都不听。这时大将樊哙千方百计进宫中进谏，他先是对刘邦的过去大加赞美："想当初，陛下和我们起兵丰沛、定天下之时，何等英雄壮志！上下团结，同甘共苦，最终打败项羽，建立了汉朝大业。"几句话说得刘邦豪情勃发。接着樊哙话锋一转，说："现在天下初定，百废待兴，陛下这般精神颓废，不见大臣，不理朝政，而只与太监亲近，难道就不记得赵高祸国的教训了吗？"

樊哙通过称赞刘邦引以为荣的辉煌过去，借机劝谏，终于警醒了刘邦。从此，刘邦专心朝政，经休养生息，汉朝一片兴旺。

4. 赞美要及时

不能等人家走了，你才发挥你天才般的口才，那样子你是在对空气说，无济于事了。

5. 赞美要公平、公正

不能把对别人的赞美夸大化，要实事求是，以事实为依据，进行客观公正的评价。

6. 赞美切忌空洞化

赞美还不能是空穴来风，无中生有，必须有实际的东西。

7. 赞美要得体

赞美还要注意配合对方的身份、地位、职业等，使别人乐意接受，令人听起来不是在溜须拍马。

三人行必有我师焉

在卡耐基看来，真正的谦逊，是人类一种最好的德行。因为谦逊的人能心知肚明，知道在这广大的世间、复杂的社会里，他的能力和头脑实在太简单太渺小，不足以解决人世间的一切问题，他只能尽他的能力诚恳地去干他职责以内的工作，用他的头脑勇敢地去研究他所不能解决的问题。偶有所得、偶有成就，他绝不夸张，因为他知道他的所得和成就，和过去别人的所得和成就比较起来太渺小，太微不足道。这样积极、谦逊的人，才是人类中最高尚、最可钦佩的人。

谁是含蓄谦逊的人，别人就容易去接受他，因为这样的交往很是轻松自如，而且耐人寻味。总听人家说起，有的人“你很难同他打交道”，他很难接近。这往往是一个在交往中难以克服的障碍。一个平易近人的人很好相处，而且言谈举止都很自然。他会营造一种舒适、愉快、友好的氛围。

富兰克林年轻时，是一个骄傲自大的人，言行傲慢，处处咄咄逼人。造成他这种个性的最大原因，归咎于他的父亲过于宠爱他，从来不对他的这种行为加以指责。倒是他父亲的一位挚友看不过去，有一天，把他唤到面前，用很亲切的言语，规劝他一番。这番规劝，竟使富兰克林从此一改往日的行为，得到众人的尊重，拥有丰富的朋友资源，最终踏上了成功之路！

那位朋友对他说：“富兰克林，你想想看，你那不肯谦逊的性格，事事都自以为是的行为，结果将使你怎样呢？人家受了你几次这种难堪后，谁也不愿意再听你那一味矜夸骄傲的言论了。你的朋友们将一一远避于你，免得受一肚子冤枉气，这样你从此将不能交到好朋友，也不能从别人那里获得半点知识。何况你现在所知道的事情，老实说，还只是有限得很，根本不管用。”

富兰克林听了这一番话，恍然大悟，深知自己过去的错误，决意从此痛改前非，处事待人处处改用研究的态度，言行也变得谦恭和婉，时时表现得很谦逊含蓄。不久，他便从一个被人鄙视、拒绝交往的自负者，成为到处受人欢迎爱戴的社交高手了。他一生的事业也得力于这次的转变。

如果富兰克林当时没有接受这样一位长辈的劝勉，仍旧事事一意孤行，说起话来不分大小，不把他人放在眼里，目中无人，那历史上也就少了一位杰出的人物。

谦虚谨慎是每个人必备的品德，具有这种品德的人，在待人接物时能温和有礼、平易近人、尊重他人，善于倾听他人的意见和批评，能虚心求教，取长补短。对待自己有自知之明，在成绩面前不居功自傲；在缺点和错误面前不执迷不悟，能主动采取措施进行改正。

不论你从事何种职业，担任什么职务，只有谦虚谨慎，才能保持不断进取的精神，才能增长更多的知识和才干。谦虚谨慎的品德能够帮助你看到自己的不足，永不自足，不断前进；可以使人冷静地倾听他人的意见和批评，谨慎从事。否则，骄傲自大，满足现状，故步自封，主观武断，轻者使工作受到损失，重者会使事业毁于一旦。

俗话说："三人行必有我师焉。"你遇到的每一个人，都可能比你高明，所以，让他明白，你承认他在这个世界上的优势，并且是真诚地承认——这是打开他心扉的可靠钥匙。

爱默生说过："我遇到的每一个人都在某方面超过了我。我努力在这方面向他学习。"

但不幸有这样一些人，他们没有充足的根据就认为自己是杰出的人，还为此自吹自擂。莎士比亚说得好："人，高傲的人！只要得到一丁点儿权力，就要玩弄阴谋诡计，甚至可以迫使天使哭泣。"

欧洲有句著名的格言说："愈是喜欢受人夸奖的人，愈是没有本领的人。"反之，我们也可以说："愈是有本领的人，愈是要表现得谦逊。"在与人相处时，要懂得谦虚，不必自吹自擂，那样只会招人白眼、惹人生气，这又何苦呢？

美国南北战争时，北军格兰特将军和南军李将军率部交锋。经过一番空前激烈的血战后，南军一败涂地，溃不成军，李将军还被送到爱浦麦特城去受审，签订降约。格兰特将军立了大功后，是否就骄奢放肆、目中无人起来了呢？没有！他是一个胸襟开阔、头脑清晰的大人物，他绝不会做出这种丧失理智的行为！

他很谦恭地说："李将军是一位值得我们敬佩的人物。他虽然战败被擒，但态度仍旧镇定异常。像我这种矮个子，和他那六尺高的身材比较起来，真有些相形见绌，他仍是穿着全新的、完整的军服，腰间佩着政府奖赐他的名贵宝剑；而我却只穿了一套普通士兵穿的服装，只是衣服上比士兵多了一条代表中将官衔的条纹罢了。"

含蓄谦逊，是一种巧妙和艺术的沟通方式。在生活中，当我们想表达一种内心强烈愿望，但又觉得难以开口时，不妨借助于"含蓄谦逊"。含蓄谦逊是一种情趣、一种修养、一种韵味。缺少情趣、缺乏修养、没有味道的人，难有含蓄谦逊。

含蓄谦逊是一种魅力。无论在时装设计上，在戏剧故事里，还是在随意交谈中，含蓄谦逊都大有讲究。在某种意义上说，没有含蓄谦逊，就没有美好。

含蓄谦逊能够避免尴尬。运用巧妙的含蓄谦逊，好像什么都没说，实际上什么都说了。"不要让我把什么都说出来。"艺术家如是说。在艺术中，音乐的语言差不多是最含蓄的了。即使是最明快的音乐语言，其实，也还是含蓄的。

把自信"写"在脸上

如果你认为自己已经被打败。

那你就被打败了；

如果你认为自己并没有被打败，

那么你就并未被打败；

如果你想要获胜，但自己又办不到，

那么，你必然不会获胜。

如果你认为你将失败，

那你已经失败了，

因为，在这个世界上，我们发现

成就开始于人们的意识中——

完全视心理状态而定。

如果你认为自己已经落伍，

那么，你已经落伍——

你必须把自己想得高尚一点。

你必须先确定自己，

才能获得奖品。

生命的角逐并不全是，

由强壮或跑得快的人获胜；

但不管是迟是早，

胜利者总是那些认为自己能获胜的人。

拿破仑·希尔说，如果你下决心背诵这首诗，将对你大有帮助，你并且可以把它当作是你发展自信心的一部武器及装备。

命运给我们在社会上安排了一个位置，为了不让我们在到达这个位置之前就丧失信心，它要让我们对未来充满希望。正是由于这个前景，那些雄心勃勃的人都带有强烈的自信，甚至到了让人难以容忍的地步，但这却是让他获得继续向前的动力。一个人的自信正预示着他将来的大有作为。

德国哲学家谢林曾经说过："一个人如果能意识到自己是什么样的人，那么，他很快就会知道自己应该成为什么样的人。但他首先得在思想上相信自己的重要，很快，在现实生活中，他也会觉得自己很重要。"对一个人来说，重要的是相信自己的能力，如果做到这一点，那么他很快就会拥有巨大的力量。

在大萧条时期，很多人失业。有个小男孩需要在暑假找份工作来交学费，便在报纸上努力地寻找相关的信息。终于他找到一个合适的工作，第二天一大早就赶去应聘。但当他赶到的时候，前面已经排了很长的队，而这个公司仅仅招聘一个人。看到这种情况，小男孩马上写了个纸条，找到负责接待的小姐，说："小姐，能帮我把这个纸条交给经理吗？"秘书小姐很诧异，但还是爽快地答应了，把纸条交给了正在面试的经理。经理打开纸条，上面写着："您好！请您在面试第 51 号之前不要做出任何决定，因为我是 51 号。"经理满怀好奇，想看看第 51 号究竟是个什么样的男孩，所以在面试第 51 号之前，他没有做出任何决定。最后的结果可想而知，经理录取了这个小男孩。没人会想到一个没有工作经验的小男孩，能打败那么多对手获得这份工作。然而就凭着他的自信，他成功了！

自信，是人的意志和力量的体现，是交际能力最重要的素质之一。而缺乏自信，常常是性格软弱和事业不能成功的绊脚石，也是培养交际能力最大的心理障碍。

和人的任何一种精神素质一样，一个人的自信心，也不是与生俱来的。它与人的思想素质的高与低、身体素质的强与弱、生活境遇的好与坏都有着直接的关系。自信，也是在为理想的奋斗与追求中，经过不断的实践逐步成长起来的。一个人具有强烈的自信心，他必定是个敢于实践的人，不会以观望、等待的消极态度丧失生活赐予的各种机会，而总是在创造着发展自己的机会；他也必定是个精神豁达、乐观大度的人，即便是受到了生活的磨难和挫折，也绝不会轻易向困难低头认输，而总是满怀信心，迎难而上，用自己的光和热去照耀生活、温暖生活，并给朋友带来信心、力量和希望。对于每一个职场人士来说，自信，永远是一种珍贵的精神品质。

众多的人在沟通中缺乏信心的一个重要原因就是不知道他在与什么人打交道。就像一位技工要修理陌生的电脑，他总会犹豫不决，每一个动作都表明他缺乏信心。而一位熟悉电脑的技工，由于他了解电脑的原理，他的每一个动作都流露出自信。我们的沟通也是同样的道理，我们越是了解对方，与他打交道时信心就越足。

只有自信与自尊，才能够让我们感觉到自己的能力，其作用是其他任何东西都无可比拟的。而那些软弱无力、犹豫不决、凡事总是指望别人的人，正如莎士比亚所说，他们体会不到也永远不能体会到自立者身上焕发出的那种荣光。

有的人心里越是自卑，人际关系就越乱；而人际关系越乱，心里就越自卑，慢慢地就形成了恶性循环，这是人际交往的大忌。生活里的人际关系，往往比人踏入社会之前所想象、所期待的要复杂得多。人际关系处理不好，在一些个性比较独立的人当中普遍存在。从他们开始认识社会生活中的人际关系，到适应不了，再到逐步适应这样一个漫长过程中，常常因此感到苦恼、困惑和力不从心，影响到自己对社会的正确认识，对生活的信心。克服这种消极心理，需要时间，也需要人忘掉自己不切合实际的念头，认识到社会风气的好转和人际关系的和谐有赖于全社会文明程度的提高，这需要从每一个人做起，从自己做起，通过不断努力去实现。人步入社会，暂时适应不了社会是人之常情，最重要的就是要注意不能因为适应不了而自我封闭起来。人是社会的人，人的工作是社会的工作，所以不能与社会隔绝，只能以积极的自信，通过自己的争取，去取得与社会规范相一致的认同感和现实感，加速自己的社会化进程。

如果是由于自己的性格特征和习惯引起的人际关系紧张，就应该认真注意加以纠正。比如清高、傲气会使别人避而远之，小肚鸡肠往往让人鄙视，刻薄、自私不会受人欢迎，等等，这些不良性格特征都是影响朋友关系的重要因素。总之，处理人际关系是一个复杂的问题，这个过程也许会比较长，但只要自己自信一点，不使自己处于社会大门之外，不断地去探求生活中的真善美，摒弃生活中的假恶丑，就能逐渐求得自己与周围环境的和谐，使自己适应社会生活的要求。

生活是复杂的，人生路上也处处有坎坷，对此，应有充分的自信去准备。这种准备包括思想的、学识的、身体的，等等，但特别要紧的则是自信心的培养。杰出的科学家居里夫人曾这样说过：“我们的生活都不容易，但是，那有什么关系？我们必须有恒心，尤其要有自信力！我们必须相信我们的天赋是要用来做某种事情的，无论代价多么大，这种事情必须做到。”是的，人生的奋斗不可没有自信，自信伴随着人达到事业的高峰，涉过生活的海洋；自信，永远属于不懈进取、不断努力的人。

士为知己者死

战国时期的名将吴起，很懂得笼络人心。有一次，军中一位士兵生了脓疮而痛苦不堪，吴起看到这种情况，俯下身去用嘴巴把脏乎乎的脓血吸干净，又撕下战袍把这个士兵的伤口仔细包扎好。在场的人无不被大将军的举动所感动。

这位士兵的老乡后来将这事告诉了士兵的母亲，老人听后大哭不已。别人以为是感动所至，老人的回答出乎意料。她说："其实我不是为儿子的伤痛而哭，也不是为吴将军爱兵如子而哭。前年，吴将军用类似的做法用嘴吸取过我丈夫的脓血。后来在战争中，我丈夫为报将军的恩德，奋勇作战，结果死在了战场上。这次又轮到我儿子，我知道他命在旦夕了。我为此而哭。"

"士为知己者死。"从人心收揽术上说，成功的秘诀也就在此，怀有一颗热忱友善的心，努力成为别人的知己，那在人心收揽上就达到一种很高的境界了。

没有一个人不知道水的力量，水可载舟，亦可覆舟。水的特质是柔性，所以水可包容万物，水倒入沟里，可让水沟通畅；水冲入马桶中，可冲去污物与臭气；水喝入口中，可解渴；水浇在草木中，草绿花香；水用来洗脸洗手，可洗尽灰垢。

不言而喻，心的热忱友善就如水的柔性，它的好处简直是雨后春笋。

一个人成功的因素很多，而居于这些因素之首的就是热忱友善。犹太学者阿尔伯特·呼巴德普说："没有一件伟大的事情不是由热情所促成的。"好的母亲与伟大的母亲、好的演说家与伟大的演说家、好的推销员与伟大的推销员之间的差别，常常就在于热情的程度。

真正的热情不是你"穿上"与"脱去"可以适合各种场合的衣服，它是生活的一种常态，而不是你用来打动人心的事物。它跟大声说话或多嘴无关，是内在感觉的一种外在表现。许多内心充满热情的人都相当平静，然而他们生命中的每一种特质、每一句语言与行动，都证实他们热爱生命，以及生命对于他们的意义。

热情是出自内心的兴奋，弥散充满到整个为人。英文中的“热情”这个词是由两个希腊字根组成的，一个是“内”，一个是“神”。事实上一个热情的人，等于是有神在他的内心里。热情也就是内心里的光辉——一种炽热的、精力十足的特质探存于一个人的内心。

吉姆大卫在一次会议上看到朗士宁坐在桌边，于是走上前去做了自我介绍。他伸出手，说道：“你好，我叫吉姆大卫，很高兴见到你。”朗士宁回答道：“噢，我也是。”朗士宁仍然坐着，吉姆大卫只好倾着身子同他握手，这让他们的关系从一开始就显得有点不平衡。

接下来，吉姆大卫走向安尼，坐到她的旁边。但吉姆大卫介绍自己的时候，安尼站了起来，面带微笑，看着吉姆大卫的眼睛说道：“我也很高兴认识你。”这是一个非常好的开始。

当你第一次见到某人的时候，应该上前一步，微笑着看着对方的眼睛，热情地打招呼。如果你是坐着的，那么立刻站起来，让你们的眼睛可以平视。介绍自己时可以这样说：“非常高兴认识你。”那么对方往往也会真诚地说：“我也很高兴！”

这样的热情就融化了彼此的陌生。

俄罗斯的一位女大学生说她是凭借热情赢得工作的。她从秘书学校毕业出来，想找一份医药秘书的工作，由于她缺少这方面的工作经验，面试了好几次都没有成功，她就开始运用热情原则。在她去面试的途中，她给自己打气说：“我要得到这个工作。”她说，“我懂这个工作。我是一个勤快而好学的人，我能够做好这个工作。医生将会视我为不可缺少的人。”在到办公室途中，她一再对自己重复这些话。她充满信心地走进办公室，并且热情地回答，医生也就雇用了她。几个月以后医生告诉她，当他看到她的申请上写着没有任何经验的时候，他决定放弃她，只是给她一次形式上谈话的机会而已，但是她的热情使他觉得应该试用她看看。她把热情带进了工作，最终成为很好的一名医药秘书。

麦克阿瑟在南太平洋指挥盟军的时候，办公室墙上挂着一块牌子，上面写着这样一段座右铭：

你有信仰就年轻，疑惑就年老；

你有自信就年轻，畏惧就年老；

你有希望就年轻，绝望就年老；

岁月使你皮肤起皱，但是失去了热情，就损伤了灵魂。

这是对热情最好的恭维。培养发挥热情的特性，我们就可以对我们所做的每件事情，充满信心，把事情干得更漂亮。

也许，你会说社交场合讲究的是方法、手腕，你不以为“热情与友情”是最重要的。但是，别忘了古训“路遥知马力，日久见人心”这句话，只有真情才能历久弥新，使友谊的芬芳愈陈愈香。如果你始终以同样的一颗赤子之心与人相处，还担心朋友疏远你吗？如此久而久之，你就是社交场合中最有实力的高手了。

假如你不崇尚热情与友善，这不能算你的错，但是，试想如果你发起脾气，对他人说出一两句伤感情的话，你会有一种发泄的快感，但对方呢？他会分享你的痛快吗？你那火药味的口气，能使对方接受吗？

“如果你握紧一双拳头来见我，”正如威尔逊总统说，“我想，我可以保证，我的拳头会握得比你的更紧。但是如果你来找我说，我们坐下，好好商量，看看彼此意见相异的原因是什么。我们就会发觉，彼此的距离并不那么大，相异的观点并不多，而且看法一致的观点反而居多。你也会发觉，只要我们有彼此沟通的耐心、诚意和愿望，我们就能沟通。”

热情一点，友善一点，对每个人来说绝对没有坏处。

有一句富有魔力的话：“您认为就该这样，关于这一点我丝毫不责怪您。如果我处在您的位置上，我也会这样认为。”借助于它可以杜绝争吵，消除隔阂并使他人认真听你的“演讲”。

这样回答可使最爱扯皮的人态度平静下来。讲这些话时态度要真诚，因为如果您处于他的角度上，您的感受确实会像他那样。

尤罗克是美国著名的剧团经理人，在较长时间内和夏里亚宾、邓肯、巴芙洛丽这些名人打交道。有一次，尤罗克说，同这些明星打交道他领悟到的第一点就是，必须对他们的荒谬念头表示热情。他为曾在纽约剧院演出过的最著名的男低音夏里亚宾等人当了三年的剧团经理人。夏里亚宾的性格是这位剧团经理人经常不安的原因。他表现得就像一个被娇惯坏了的孩子，拿句经理人的话说“他是个令人难堪的人”。比如，该他演唱的那天，他就给尤罗克先生打电话说：“我感觉非常不舒服，今天不能演唱。”尤罗克先生和他争吵没有？没有！他知道，剧团经理人是不能和演员争吵的。他马上就找到夏里亚宾的住处，准备向其表示安慰。

“多可惜，”他说，“您今天当然不能再演唱了。我这就吩咐他们取消这场演出。这样您总共要损失 2000 美元左右，但这对您能有什么影响呢？”

夏里亚宾吁出了口长气说：“您能否过一会儿再来？晚上 5 点钟来，我再看感觉怎样。”

晚上 5 点钟，尤罗克先生又来到夏里亚宾的住处。他再次表示了自己的慰问和惋惜，也再次建议取消演出。但夏里亚宾长吁了一口气说：“请您晚些时候再来，到那时我可能会觉得好一点儿。”

晚上 8 点 30 分，这位演员同意了演唱，但有一个条件，就是要尤罗克先生在演出之前宣布歌唱家患感冒，嗓子不好。尤罗克先生说一定照此去办，于是撒了这次谎，因为他知道这是促使夏里亚宾登场演出的唯一办法。

就这样，凭借自身的热情与友善压抑住了心中的那份怒火，平息了一场不必要的战争，让每个人都在快乐中互利中成就了演唱会的成功。

朋友们，用你的热情和友善去关注你身边的每个人吧！

主动营造你的人际关系

社会是人的社会，人的所有活动、交易、成就，都要从人与人的接触中产生。别人供给你所需，也肯定你的贡献。你存在的价值建立在人们的回应上。

所以，你认识的人愈多、公共关系愈好，就愈容易成功！

所以，现实也就注定了你必须主动去营造你的人际关系网，主动出击也就意味着你成功了一半，而选择放弃，本来应该属于你的东西也就没你的份了。

人生有些事情，个人是无法选择的。比如，你无法选择自己的父母，无法选择自己的亲戚，也无法选择自己出生的时间和空间等等。

但是，一个人在长大成人，尤其是经济自立之后，你可以自由选择营造你的朋友圈，结交什么样的朋友，构成什么样的人际关系网络。这是我们最大的自由。

实际上，许多人都囿于个人生活与工作的狭小范围与具体环境的局限，除了自家人和亲戚关系，还有那么几个同学、同事、朋友和熟人，都是“顺其自然”、被动形成的。

许多中年人和老年人大多一直过着“两点一线”的生活，就是几十年如一日只在家庭和工作单位之间来往。如今的青少年可不是以前的老古董了，很是活泼，天南海北到处都是朋友。但作为个人有意识地选择和结交朋友，有意识地建立自己的信誉，经营人际关系的网络，依然寥寥无几，这是营造人际关系网的遗憾。

经常会遇到这样一种场面：在生日宴会上，几个好朋友聚在一起欢天喜地地玩玩闹闹，而旁边会有人只是一声不吭地吃着东西，没有加入到那些人的行列中。这样的人实际上是白白放弃了扩大自己交际圈范围的好机会。如果能主动争取和别人交流，那就会为自己开拓一个自己不了解的崭新世界，也会促进自己的成功。

那么，怎样才能和对方良好地交流呢？有这样一句话：“对方的态度是自己的镜子。”在日常的人际交往中，有时自己感觉“他好像很讨厌我”，其实这时正是自己讨厌对方的征兆。因此，对方也会察觉到你好像不喜欢他，当然两个人就越来越讨厌彼此了。在出现这种情况的时候，自己要主动与对方交流，主动敞开心扉。

“对方愿意接近我，我也愿意和他交谈”“对方如果喜欢我，我也喜欢他”。如果用这种被动的姿态与人交往，那你永远也不会建立起和谐友好的人际关系。要想使自己拥有和谐友好的人际关系，使自己每天的心情都轻松愉快，毋庸置疑，那就应该采取积极主动的态度与人交流。

要想营造好的朋友圈必须强调主动。一切自卑的、畏首畏尾和犹豫不决的行为，都只能导致人格的萎缩和做人处世的失败。所以，拿破仑说进攻是“使你成为名将和了解战争艺术秘密的唯一方法”。

在交际中也是如此，主动进攻，可以使人了解到社会人生所具有的意义，也可以说，寻常人生交际，也是一场不流血的、平静温和的战争。因此，主动进攻不仅是一种行为风格，从思想上讲，更是一种主动谋略。

在生活中，胡先生十分重视创造与人结识的机缘。比如，他刚刚搬到世纪花园的时候，一天傍晚，他看见邻居家的女主人走了出来，便隔着十几英尺的树丛向对方望，然后非常自然地找到恰当的时机，抬起头，露出笑容，喊一声“你好”！随后，胡先生便弯身穿过树丛，到她的后院，开始与她聊起天来。他们就这样认识了，彼此留下电话，约好互相帮助，大家有个照应。

那第一声“你好”是怎么产生的呢？胡先生认为他们几乎是同时地隔着树丛向对方打招呼；胡先生也相信，他们是一起有意识地走向树丛，为的是与对方结识。

这种彼此心里准备好，伺机而动，主动出击是非常重要的。譬如当你参加酒会或聚餐时，必须随时保持敏锐，回应别人抛来的眼神。正因此，你经常可以在餐馆里见到，人们能远隔十几英尺相互点头。想想，若不是主动，怎么可能注意到那么远？

那远远的会心一笑，不必开口，默默地、高高地举起酒杯，用眼睛表达一份心意的敬酒，最是令人动心的。

庞姗姗和艾丽是新进入公司的两名工程师，公司安排他们头六个月早上听课，下午完成工作任务。

庞姗姗每天下午都把自己关在办公室里，阅读技术文件，学习一些日后工作中可能用得着的软件程序，当有的同事因手头忙碌请他暂时帮会儿忙时，都被他谢绝了。

他认为，自己最关键的任务就是努力提高自己的技术能力，并向同事及老板证明自己的技术能力是如何出色。

而艾丽除了每天下午花 2 个小时看资料外，她把剩余的时间都花在向同事们介绍自己并询问与他们项目有关的一些问题上了。当同事们遇到问题或忙不过来时，她就主动帮忙。

当所有办公室的 PC 机都要安装一种新的软件工具时，每个工作者都希望能跳过这种耗时的、琐碎的安装过程。由于艾丽懂得如何安装，她便自愿为所有机器安装这个工具，这使得她不得不每天早出晚归，以免影响其他工作。包括庞姗姗在内的部分同事都把艾丽看作傻瓜。实际上，艾丽不仅在实践中提高了自己的技术能力，还拓展了自己的朋友圈。

五个月后，庞姗姗和艾丽都完成了工作安排。他们的两个项目从技术上讲完成得都不错，庞姗姗还稍显优势。但是经理却认为艾丽表现得更出色，并在公司高层管理人员会议上表扬了艾丽。庞姗姗听说后，一时想不开，就去经理办公室问经理，为什么受到表扬的是艾丽而不是自己？

经理说："因为艾丽是一个有主动性的工程师，善于为别人提供帮助，能够承担自己工作以外的责任，愿意承担一些个人风险为同事和集体做更多的努力。而你呢？"

庞姗姗禁不住红了脸，低下了头。不管你所从事的是什么工作，习惯于守株待兔的人都会被淘汰出局。任何一种事都不能靠等待去完成，抱有这种态度的人最终只会一事无成。只有躬身自省、主动做事，才有成功的可能。

道理是这样，但避免不了人们心里对主动交往有很多误解。比如，有的人会认为“先同别人打招呼，显得自己没有身份”，“我这样麻烦别人，人家肯定反感的”，“我又没有和他打过交道，怎么会帮我的忙呢”等等。其实，这些都是害人不浅的误解，没有任何可靠的事实能证明其正确性。但是，这些观念却实实在在地阻碍着人们，阻碍了人们在交往中采取主动的方式，从而失去了很多结识别人、发展友谊的机会。

当你因为某种担心而不敢主动同别人交往时，最好去实践一下，用事实去证明你的担心是多余的。不断的尝试，会积累你成功的经验，增强你的自信心，使你在工作场合的人际关系状况愈来愈好。

在谈话中，如果控制话题的主动权，你的压力就会缓和下来。但是，要是主动权落入他人手中，在受制于人的情况下，谈话便不会像你希望那样顺利进展。如果对方不怀好意，存心问些尖锐敏感的问题，你更是一味陷于被动挨打的局势了。此时，人们大都苦思如何回答问题，殊不知这样一来，正中了对方下怀。

其实，这时恰是你反击的时候。你无需正面回答对方的问题；相反可以提出相关的问题，反过去征询对方的意见。据说，善于社交的高手，大都擅长使用这种“转话法”，以确保谈话时的主导权。

除了变被动为主动外，人在谈话时难免失言，但是，在关系重大的面谈时失言，可能造成致命的失误而一蹶不起。不管说错了什么话，即使是无伤大雅的事，一旦失言，大家第一个反应就是慌乱，告诉自己“完蛋了”，瞬时热血直往脑门上冲，说话就更加语无伦次。这种情况，千万不能慌，要变被动为主动。

“你好”是个最普通的词，相错而过的车船上，人们可以彼此喊一声“你好”便再也不相遇。萍水相逢的人，可以因为喊一声“你好”，而从此相识。

拥有丰富多彩的人际关系是每一个现代人的需要。可是，现实生活中，很多人的这种需要都没有得到实现。他们总是慨叹世界上缺少真情，缺少帮助，缺少爱，那种强烈的孤独感困扰着他们，使他们痛苦不已。其实，很多人之所以缺少朋友，仅仅是因为他们在人际交往中总是采取消极的、被动的退缩方式，总是期待友谊从天而降。这样，虽然他们生活在一个人来人往的工作场所，却仍然无法摆脱心灵上的寂寞。这些人，只做交往的响应者，不做交往的主动者。

要知道，别人是没有理由无缘无故对我们感兴趣的。因此，如果想赢得别人的友情，与别人建立良好的人际关系，摆脱寂寞的折磨，就必须主动交往。

第2章

有了朋友圈，发展事业才有靠山

爽直的人，更容易拓展朋友圈

在交际的场合中，尤其是当我们遇到了陌生的朋友时，坦诚、亲和是我们打开友谊之门的钥匙。碰到陌生人，与其躲躲闪闪地畏首畏尾，不如索性大大方方地主动出击。那种爽直、大方的人，往往易于使人亲近，也常常受人欢迎，也就更容易拓展自己的朋友圈。

1. 坦诚

在我们被介绍与陌生人相识时，如果介绍人把双方的名字念得一字不差，把双方的职业、职务、特长、爱好等也都作了明确的介绍，那么，用眼神介绍我们与陌生人相识，或是一边在应付其他人，一边嘟嘟囔囔地对我们说了几句谁也很难听清的话，就离开了，那我们很难与陌生人开口沟通。

这时候，我们不妨坦率地再问一下对方。坦率地承认自己没听清楚而请问对方，绝不是一件可笑的事。相反，如果永远把疑团藏在肚里，不仅会影响接下来的谈话，而且有碍于与对方建立坦诚的友谊。我们问清了对方的名字之后，最好也再作一次自我介绍，或许对方像我们一样，也没听清我们的名字。

人与人之间，无论是陌生关系还是朋友关系，无论是亲人还是顾客，都应该相互坦诚。因为坦诚高于人性其他方面的一切品质！但要如何才能获得别人的坦诚呢？答案是，只有坦诚才能换来坦诚！

一直以来，河南的杜延用都在试图要把煤推销给一家大型连锁公司。然而，那家连锁公司依然继续使用另一个地方的煤，继续经过杜延用的办公室而视而不见。因此，杜延用一直在骂那家连锁公司。

事情发生是在一次辩论中。杜延用答应了站在连锁商店一方进行辩护。于是，他到他曾经痛恨的连锁公司，去会见一位部门经理。见面后，他说："我到这里来，并不是向你们推销煤的。我只是来请求你们帮我一个大忙。"接着他把辩论的事情跟对方详细地说了一通："我是来请你们帮忙的，因为我想不出还有什么人能够比你们更能提供我所需要的资料了。我非常想赢得这场辩论。对于您的任何帮助，我感激不尽。"

刚开始，杜延用请求对方给自己五分钟时间，对方答应了。当杜延用说明来意后，对方就请他坐了下来，并谈了将近三小时。最后，对方请来一位曾经写过一本有关连锁商店的书的高级文员进来，让杜延用与他交谈。经理还写信给全国连锁组织公会，为杜延用要了一份有关他需求的辩论资料。这对杜延用的辩论将帮上很大的忙。

为什么连锁公司经理会如此尽力帮忙呢？因为当他说："我认为连锁商店对人类是一种真正的服务"、"我以我为数百个地区的人民所做的一切而感到自豪"时，连锁公司经理已经坦诚地赞同他了。而这种赞同，完全是发自内心的。

当杜延用走时，经理送他到门外，并用自己手臂环绕着杜延用的肩膀，预祝他辩论得胜，并诚邀他以后再来做客，把辩论结果告诉自己。最后，他还说了这样一句话："请在秋末时再来找我，我想签下一份订单，买你的煤。"

杜延用有点惊讶，因为在整个交谈过程中，他们的谈话中没有提及半个"煤"字。

其实，这个世界并没有绝对的对或绝对的错，有的只是一个人所站的不同角度。只要你认为对，这个世界就错不了。因此，在生活中，我们要经常站在别人的角度去为别人讲几句话，我们要经常主动地去理解别人，真诚地认同别人的观点，即使对方的观点很另类，或者与现实脱节，我们也没有必要凭着自己的主观意见，去指责或者对对方说教。

所以当我们坦诚地关注别人时，我们才会获得别人的青睐和支持。

2."亲和力"

人类普遍希望自己拥有"亲和力"，因为这也是渴望与人亲近、和谐相处的一种心理激情，也可以说是人类最起码的内心需求。

当然就像是儿童会依恋父母、老人会眷恋儿女，兄弟姐妹都会相互帮助一样，人生的旅程也是靠这种相亲相爱的关系走完的。

这种亲和力，既是使情感归依的源泉，同时也是拓展人际交往的动力，它对平衡人类心理，克服单枪匹马之不足，起着非常好的过渡作用。

孔子在周易《十翼》中这样写道："物以类聚，人以群分。"也有句话如是说："同声相应，同气相求。"说的其实都是这样的道理：有共同点的人比较容易相处与亲近。

因此，在提高自己亲和力的时候，可以尝试用一些策略与他人配合，让他感觉到我们是可以亲近与依靠的。

这样的技巧有这样几个方面：配合别人的感受方式，配合别人的兴趣与经历，多使用一些"我和你一样"的句子。

例如："啊，您去过五台山啊，我也去过呢！是去年 8 月的事了。您是几时去的呢？""哦，你也认同爱就是要给对方自由，我和你的想法一样哦。""你同意产品的质量是首当其冲的对吧？我也这么想，因此您可以比较一下我们的产品与其他同类产品的质量。"

还比如，对那种说话雷厉风行的人，要强调行动与成果；对那些说话时喜欢分几个要点总结的人，要强调逻辑与条理；而对于那种慢吞吞的人，多谈谈某种产品会带来什么样的体会。

再比如，你在公车上看到一个人捧着束特别的鲜花。你就可以说："哇！您的花真漂亮。它叫什么名字呢？"假如对方愿意回答的话，局面也就不攻自破了。就可以继续同他谈下去。但你要做的准备是，避免谈论自己的私事，鼓励他多谈论自己的事情。

动人心者莫先于情

在拓展你的朋友圈时，如果我们能够调动自身的热情，以情动人，那么，听者的注意力便在我们的掌控之下，我们就掌握了开启听众心灵之门的钥匙。正如唐代大诗人白居易所说：“动人心者莫先于情。”唯有充沛的情感才会使“快者掀髯，愤者扼腕，悲者掩泣，羡者色飞。”

不管世界上哪一个国家的语言，只要饱含炽热的情感，就能产生巨大的影响，就能唤起群众的热诚，就有震撼人心的力量。美国的一位著名小说家说得好：“热情是每个艺术家的秘诀。这如同英雄有本领一样，是不能拿假武器去冒充的。”任何话语，情不深，则无以动人。

与人沟通时如果感情不真切，是逃不过成百上千听众的眼睛的。

一位著名演说家曾这样说过：“在演说和一切艺术活动中，唯真情，才能够使人怒；唯真情，才能使人怜；唯真情，才能使人笑；唯真情，才能使听众信服。”

假若你要为你的朋友圈存折多加一笔资金的话，你必须打动他，那“情”就是最好的工具。

第二次世界大战期间，英国首相丘吉尔在对秘书口授反击法西斯战争动员的演讲稿时，“像小孩一样，哭得涕泪横流”。他的这次演说动人灵魂，极大地鼓舞了英国人民的斗志。

沟通者具有真情实感并且能够平等的人，虚怀若谷，他的话语方能如滋润万物的甘霖，点点滑入听众的心田。而盛气凌人、眼睛向上把自己打扮成上帝，居功自傲的人，是无法和听众交心，赢得听众爱戴的。

那么，怎样才能运用好动之以情、晓之以理的攻略呢？“动之以情”唯一最有力的策略就是一个“情”字，前面已经讲过，在这里我们讲一下“晓之以理”。以理服人最重要的一点是摆事实，有理有据，事实确凿，对方的观点就会不攻自破。

1946 年 1 月，李先念司令员在武汉与美蒋进行中原停战谈判，国民党嫡系实力派人物郭忏，大放厥词，指责我军在停战令下达后进攻国军，还编造了所谓证据借以虚张声势，达到其不可告人的目的。面对郭忏的低劣伎俩，李先念司令员慢慢站起来，说：“首先，我有一个问题请教郭将军，”他用反问语气说，“有道是水有源，山有主，抗战八年，你们的部队一直待在什么地方？你们驻在我黄波河口、塔尔岗、安陆的赵家棚、积阳山等地的部队，在什么地方、什么时间同日本鬼子打过仗？你们从未来过这些地方，怎么说这些地方被我们侵占了呢？”

郭忏面有窘迫，“这个……”这引起记者们的嘘声唏语。

李先念继续说：“抗战八年，我们新四军五师一直坚持在敌后，解放了 9000 多平方公里的国土，抗击日伪军 20 余万人，经历大小战斗达万余次，消灭了大量敌人。这些历史事实，不是郭将军就能否认的吧？不仅黄波河口、塔尔岗、安陆的赵家棚、积阳山等地是我军的阵地，而且整个鄂、豫、皖、赣边区都是我军收复的失地。这里的每一座村庄、每一个山头、每一条河沟都有我们战士的鲜血和汗水，都印下了我们战士的足迹！”

李先念有条不紊、有理有据、慷慨陈词，驳得郭忏支支吾吾，半天开不了口。

合情合理，一方面显示沟通者坦诚的态度；另一方面又尊重对方，并为对方着想。这样就使双方易于沟通，扩大了双方的共识，促使双方产生共鸣。

日本松下电器公司还是一家乡下小工厂时，作为公司老板的松下幸之助总是亲自上任推销产品。松下幸之助在碰到杀价高手时，他就说：“我的工厂是家小厂。酷热夏天，工人在炙热的铁板上加工制作产品。大家汗流浃背，却还热火朝天，好不容易制出了产品，依照正常利润的计算方法，应当是每件 ×× 元承购。”

对手一直盯着他的眼，听他叙述，听完之后，展颜一笑说：“哎呀，我可服你了，卖方在讨价还价的时候，总会说出种种不同的话，但是你说的很与众不同，句句都在情理之上。好吧，这笔生意就这么定了。”

松下幸之助的成功，首先在于他真诚的态度。他强调自己是依照正常的利润计算方法确定价格的，自己并无贪图非分之财之意，他也同时暗示对方无讨价还价的余地。这就使对方调整角度，与其达成合作。

其次松下幸之助的语言充满情感，他叙说了工人劳作的艰辛，创业的艰难，劳动的不易，语言实在、形象、生动，语气铿锵、自然，唤起了对方的切肤之感和深切同情。

正如对方所说的，松下幸之助的话“句句都在情理之上”，对方接受自在情理之中。

一个人最热心的往往是与自己有关的一些利益，因为人们毕竟生活在一个很现实的社会里，虽不能说“人为财死，鸟为食亡”，但人要“活”就要保护与自己有关的各种利益。所以，当你想要和他沟通时最好告诉他这样做对他有什么好处，不这样做则会带来什么样的不利后果，相信他不会无动于衷的！

球王贝利，人称“黑珍珠”，是人类足球史上享有盛名的天才。在他很小的时候，他就显示出了足球的天赋，并且取得了惊人的成绩。

有一次，小贝利参加了一场激烈的足球比赛。赛后，伙伴们都腰酸腿痛，有几位小球员点上了香烟，说是能解除疲劳。小贝利见状，也要了一支。他忘乎所以地抽着烟，看着淡淡的烟雾从嘴里喷出来，觉得自己很潇洒、很时尚。不巧的是，这一幕被前来看望他的父亲撞见了。

晚上，贝利的父亲坐在椅子上问他：“你今天抽烟了？”

“抽了。”小贝利红着脸，低下了头，准备接受父亲的大声教训。

但是，父亲并没有这样做。他从椅子上站起来，在屋子里来回地走了好半天，这才开口说话：“孩子，你踢球有几分天赋，如果你好好坚持练下去，将来或许会有点儿出息。但是，你应该明白足球运动的前提是你具有好的身体素质。可今天你抽烟了。也许你会说，我只是第一次，我只抽了一根，以后不再抽了。但你应该明白，有了第一次便会有第二次、第三次……每次你都会想：仅仅一根，不会有什么大碍的。但天长日久，你会渐渐上瘾，你的身体就会变差，而你最喜欢的足球可能因此渐渐地离你远去。”

说到这里，父亲问贝利：“你是愿意在烟雾中损坏身体，还是愿意做个有出息的足球运动员呢？你已经懂事了，自己做出选择吧！”

说着，父亲从口袋里掏出一沓钞票，递给贝利，并说道：“如果不愿做个有出息的运动员，执意要抽烟的话，这些钱就给你买烟用吧！”说完，父亲走了出去。

小贝利望着父亲远去的背影，仔细回味着父亲那深沉而又有理有据的话语，不由得伤心哭了起来，过了一会儿，他止住了哭，拿起钞票，来到父亲的面前。

“爸爸，我再也不抽烟了，我一定要做个有出息的运动员！”从此，贝利训练更加刻苦。后来，他终于成了一代球王。

入情入理的沟通要比大发雷霆的训斥要管用得多！

逢人短命，遇货添钱

要想拓展你的朋友圈，就得时刻成全别人，有成人之美之念，无论在行动上还是沟通上都少不了。相反，如果人家事还没干，你就泼冷水，就算是圣人，对你那样的沟通，也不会接纳，更别提拓展朋友圈了。

如以下俗语说："逢人短命，遇货添钱。"假如你遇见一个人，你问他多大年龄了，他答："今年40岁了。"你说："看你先生的面貌，只像30岁的人。"他听了一定喜欢，这就是所谓的"逢人短命"。又如走到朋友家中，看见一张桌子，问他花多少钱买的，他答道："花了12元。"你说："这张桌子，一般价值20元，再买得好，也要16元，你真是会买。"他听了一定也很得意。这就是所谓的"遇货添钱"。人们的习性既是这样，所以自然而然地就生出这种公理。

其实，在沟通中就是这样，多多美言的效果往往是能勾起别人的倾心，而泼"冷水"，不管他做得对与错，总是不喜欢听到别人的批评。

有位名人说得好，人的天性就在于得到别人的夸奖。现实正是如此。每个人对别人都有一种心理渴望。希望得到尊重，希望自己应有的地位和身份得到肯定和巩固。谁也不愿在人群中被冷落。如果上述愿望得不到满足，就会对周围的人产生隔阂感，也就很难很好地合作。试想，在现实生活中，有几个人反感听别人的恭维呢？

这里老生常谈关于拍马屁的笑话。张三是拍马屁专家，连阎王都知道他的大名。死后见阎王，阎王拍案大怒道："你为什么专门拍马屁？我是最恨这种人的！"马屁鬼叩头回道："因为世人都爱听恭维话，喜欢被人吹捧，不像大王您这样铁面无私、明察秋毫，人世官僚若都像你这样好，谁还敢说半句恭维的话呢？"阎王听后，连说：“是啊是啊，就算给你十个胆你也不敢！”实则阎王也喜欢听恭维话。这个故事，更说明了爱听恭维话乃人之常情，只要你的恭维话说得有相当分寸，不流于谄媚，不但无伤人格，而且成全了他人，岂不一箭双雕！

一位 40 多岁的中年男子到武汉出差，在街头小货摊上买了几件衣服，付款时发现刚刚还在身上的一百多元外汇券不见了。货摊只有他和姑娘两人，明知与姑娘有关，但他没有抓住把柄。当他提及此事时，姑娘翻脸反咬他一口。

在这种情况下，这位中年男子没有和她来“硬”的，而是放下架子，缓和声调悄悄地说：“姑娘，我一下子照顾了你五六十元的生意，你怎么能这样对待我呢？你在这个热闹街道摆摊，一个月收入几百上千，那几张外汇券肯定不会入你眼的。再说，你们做生意的，信誉要紧啊！”

他见姑娘好像有所动，又恳求道：“人家托我买东西，好不容易换来百把元外汇券，丢了我真没法交代，你就替我仔细找找吧，或许忙乱中混到衣服里去了。我知道，你们个体户还是能照顾人的。”

姑娘终于被说动了，她在衣服堆里找出了外汇券，不好意思地还给他。

多说句“软”话，多夸上几句美言会让对方觉得自己是在吃蜜，心里甜甜的。在上述案例中，这位中年男子的一番至情至理的说辞，不但使外汇券失而复得，而且还挽救了一个几乎沦为小偷的青年。

现实生活中，人们普遍存在着吃软不吃硬的心态。特别是刚正不阿、很有主见的人，你如果说“硬”话，比如以指派的口吻，对方不但会不理睬，说不定比你更硬；你如果来“软”的，对方反倒产生同情心，纵使自己为难，也会满足你的要求。

如果那个男子知道外汇券是小姑娘偷的，紧接着破口大骂，我想他不仅外汇券找不回来，还可能在人家的地摊上吃亏。

也有人说：人性的弱点决定了人是最禁不住夸奖的动物。对朋友来说也是如此，你求他帮忙办事，恭敬他是理所当然的。你恭敬了他，他也反过来恭敬你和重视你，另外，得到恭敬的人是不会视对方的“生死”于火热之中的。

事实证明会说恭维话的人在现实生活中都很吃香，办起事来也很顺利。当一个人听到别人的恭维话时，心中总是非常高兴，脸上堆满笑容，口里连说：“哪里，您真是抬举我了！”“你真是很会讲话！”即使事后冷静地回想，明知对方所讲的是恭维话，却还是没法抹去心中的那份喜悦。

这是因为，爱听恭维话是人的天性，虚荣心是人性的弱点。当你听到对方的吹捧和夸奖时，心中会产生一种巨大的优越感和自信感，自然也就会心甘情愿地听从对方的建议。

相信每个人都会有这样的体验：当你到地摊也好，商场也好，还是服装批发市场去买衣服，在你试衣时店老板就来话了：

“啊！真漂亮！穿起来非常合体，洋气、有风度，就像量着你的身材定做的一样。你比以前年轻多了。”

本来你是不想买那件衣服的，却因老板的几句美言，买了回来。

第二天，你神气起来，可是穿了不到半天时间某条缝线断了，裂开一个大洞。此时，你才骂他是个“骗子”。然而，谁让自己经不住诱惑的？

由此看来，一句恭维的话，犹如一泓山泉，清澈、晶莹、沁人心脾。流经之处充满了温馨与滋润。它不仅在人与人之间融化了冷漠的霜冻，而且让友谊得以长存永驻，让工作一帆风顺，让交际更得人缘。

与人交谈，适当掺入一些美言，与双方的感情和友谊会在不知不觉中得到增进，而且会调动交往合作的积极性。

有位知名导演，在重拍镜头时，总先称赞所有的工作人员：“嗯，好极了，现在我们来个稍微夸张点的演出。”经他这么一说，没有人会表示抗议，自然就接受了导演的安排。因此，温柔地褒奖他人会让对方产生接纳的态度。美言是博取好感和维系好感最有效的方式，它还是促进人继续努力的最强烈的兴奋剂，这是由人性的本能所决定的。

法国哲学家罗西法古说：“如果你要得到仇人，就表现得比你的朋友优越吧；如果你要得到朋友，就要让你的朋友表现得比你优越。”

赞美别人，就算是对人“拍马屁”好了！其实都是人际关系上难以多得的“润滑剂”，而且这种美丽的言辞又是免费供应；如此“于人有利、于己无损而有利”的事，又何乐而不为呢！

多说几句好听的话，既能指出对方的不足，又能鼓励对人，更重要的是促进了彼此感情的交流，这对于拓展朋友圈至关重要。

说好话好处是很多，但是一定要让它发挥正面的功效，千万不能多用导致滥用。然后比泼“冷水”还要使人难堪，那可就不好了，所以要注意以下几点：

1. 尺度一定有长有短，有深有浅

美言的尺度掌握得如何，往往直接影响着它们带来的效果。恰如其分、不留痕迹、适可而止的恭维是成功者之妙诀。而使用过多华而不实的辞藻，过度的夸奖、空洞的奉承，只能使对方感到不舒服、不自在，甚至难堪、肉麻和令人恶心，其结果是适得其反。

假如你对一位字写得比较好的朋友说：“你写的字是全世界最漂亮的！”你说好话的结果只能使双方尴尬。但如果你这样说：“你的字写得很漂亮！”你的朋友一定会感到很高兴，说不准他还要介绍一番他练字的经过和经验呢！

当然，美言的程度不够，便又不称其为美言，这同样也无法达到预期的目的。

恭维还需要真诚，需要不留蛛丝马迹。

真诚的态度是成功拓展朋友圈的要素。交际中一定要努力表现出恭维的真诚，表现出发自内心的情意真切。要知道无美可赞而勉为其难，不如避而不谈为好。

恭维是美言者的一个出色的方面，把握恰当、得体的恭维无疑是走向善言者行列的第一步，也是现代交际中不可缺少的一步。

2. 对象要分你我他

在人际交往中，应当注意交际对象的年龄、文化、职业、性格、爱好、特点，因人而异，把握分寸，切不可随意恭维、奉承对方。俗话说：对症下药、量体裁衣。恭维也要“因人而异”，对于商海中奋战多年的人，如果你说他学问深、品德好、知识广博、为人正直，他不一定高兴，你应该说他才能出众、手腕灵活，现在满面红光、印堂发亮、发财在即。不要弄得“牛头不对马嘴”，到时候你本意是要夸奖别人，大家还觉得你是“乱弹琴”。比如，你对一位因身材过肥而忧郁的姑娘说：“你的身材实在是漂亮极了！”姑娘一定会以为你是在取笑她而心里不愉快。但如果对一个身材较好而感到自豪的姑娘来说这句话，却可

以使姑娘对你的好感和信任增加。现实生活中，还有不少有识之士喜爱结交“道理相砥、过失相规”的“畏友”，他们喜欢“直言不讳”，你越指出他的缺点，他越喜欢你，而你越恭维他却越反感你。同这类人交往时，夸奖是需要慎之又慎的。

3. 时机有成熟与不成熟之分

拓展人际关系中认真把握时机，恰到好处的善言，是十分重要的。尤其是恭维，应当切合当时的环境、前提，有着一定的“时效”约束。当你发现对方有值得赞美、恭维的地方，要抢时间大胆地赞美、恭维，千万不要错过时机。不失时机的恭维，无异于南辕北辙，结果只能物极必反。起不到应该起的效果，甚至还会产生一定的副作用。同时，你还应该记住：当你的朋友发现他自己的某种毛病而正要改正时，你却要对他的这种毛病之处大加赞赏，绝不会令你的朋友开心。

“朋友有劝善规过之谊”的古训，也是现代交际中的一个为人准则。

投其所好，寻找“共鸣”

塞万堤及先生一直试着要把奶酪卖给纽约的某家饭店。一连三年，他每天都要打电话给该饭店的经理。他也去参加该经理的社会聚会。他甚至还在该饭店订了个房间，住在那儿，以便成交这笔生意。但是他都失败了。

塞万堤及先生说：“在研究过这位饭店经理为人处世之后，我决定转换策略。我决定要找出那个人最喜欢的是什么——他所喜好的是什么。我发现他是一个叫作美国旅馆招待者的旅馆人士组织的一员。他不只是该组织的一员，由于他积极，还被选为主席以及国际招待者的主席。不论会议在什么地方举行，他一定会到场，即使他必须跋涉、翻山越岭。

“因此，这次我见到他的时候，我开始谈论他的那个组织。我看到的反应真让我难以想象。多么不同的反应！他跟我谈了半个小时，都是有关他的组织，语调充满激情。我可以轻易地看出来，那个组织是他的爱好所在，他的志向火焰。在我离开他的办公室之前，他赠了他组织的一张会员证给我。

“虽然我一点也没提到奶酪的事，但是几天之后，他饭店的大厨师见到我的时候说，我真的把他打动了！

“想想看吧！我缠了那个人三年——一心想得到他的生意——如果我不是最后用心去找出他的爱好所在，了解到他喜欢谈的是什么话，那我至今仍然只能缠着他。”

有一位沟通高手说过这样的话：“如果你能和任何人连续谈上十分钟而使对方感兴趣，那你便是一流的沟通高手。”

拓展人际关系时来点“投其所好”是很有必要的，多说一些美好的积善的话，得饶人处且饶人。“投其所好”要注意“因人而异”。鬼谷子指出：与智慧型的人说话，凭借的是见闻的广博；与见闻广博的人说话，凭借的是辨析的能力；与善辩的人说话，就要简明扼要；与人主（领导）说话，就要用奇妙的事来打动他；与臣子说话，就要用好处来说服他；别人不愿意做的事情，就不要勉强；对方所喜欢的，就模仿而顺从他；对方所讨厌的，就避开而不谈它。能做到这些，就已经是“投其所好”的高手了。

同陌生人谈话最重要的就是能够尽快地找到双方的共同点。从双方的共鸣共振中，投其所好，促成事情顺水推舟的发展下去。怎样才能利用“共鸣”，投其所好，寻找共同话题，更好地拓展自己的朋友圈呢？

1. 明察秋毫

陌生人相遇，为了打破沉默的局面，开口讲话是必要的。有人以客套的打招呼开场，有人以行为开场，一边帮对方做某些急需帮助的事，一边以话试探，有的找个很好的借口，借题发挥。

李女士到医院里就诊，坐在候诊大厅里，邻座坐着的一位大姐很健康，大姐主动问她：“你是来看什么病的？听口音不像本地人，你老家是哪里的呀！”当她得知李女士是山东青岛人时，很开心地说：“青岛非常美，我以前出差多次去过……”李女士便问：“那您在什么单位工作呀？”于是她们亲切地交谈起来，等到就诊时，她们已经是熟悉的朋友了，分手时还互留了联系方式。这种融洽的效果看上去是偶然的，实际上也是有其必然根源。只有通过明察秋毫发现共同点，交际才能自如。

2. 细心揣测

为了发现陌生人同自己的共同话题，可以在需要交际的人同别人谈话时留心分析、揣摩，也可以在对方和自己交谈时揣摩对方的心思，从中产生共鸣。在公共汽车上，小叶不慎踩到了旁边一位老者的脚，她忙道歉说：“对不起，对不起。”老先生笑着说：“你是东北人吧！”小叶奇怪地点点头，老先生忙说：“我曾经在那里工作了二十年，那是十年前的事了，现在东北变化挺大吧！”这样一路下来，小叶同老先生谈得很投缘。后来才得知，老先生就是小叶上学的学校的老教授，后来小叶还多次拜访过老先生，受益匪浅。

可见通过细心揣摩对方的谈话，可以找出双方的接洽点，使陌生的路人变为熟人，进而拓展你的朋友圈。

3. 照顾到多数人

面对众多的陌生人进行沟通时，要选择众人关心的事件为话题，把话题瞄准大体兴奋的中心。这类话题是大家想谈、爱谈、又能谈的，人人都可以插上话，自然也就创造了氛围，以致引起许多人的议论和发言，导致“语言火花”飞溅。

4. 反面激将

当对方不愿就某一话题沟通，说“不知道”“没意见”进行搪塞时，可以抓住对方知而不说、知真说假的心理，用“激将法”激起对方的热情，进而达到合作的目的。但要因人而异，掌握分寸，不可“激将”。

5. 投石问话

向河中投块石子，探明水的深浅再过河，就能有把握地前进；与陌生人交谈，先提一些“投石”式的问题，在略有了解后再有方向地交谈，便能谈得更为自如。如在聚会时见到陌生的邻座，便可先“投石”询问：“你和 ×× 是老乡还是老同学？”无论问话的前半句对，还是后半句对，都可循着对的一方面交谈下去；如果问得都不对，对方回答说是“老同事”，那也可谈下去。

6. 循趣入话

根据对方爱好引发话题。当别人谈到自己的爱好时，便很容易专注，谈起来也津津有味。主动交谈者可以投其所好，同时借题发挥，巧妙地提出话题。

如对方喜爱象棋，便可以此为话题，谈下棋的情趣，车、马、炮的运用，等等。如果你对下棋略通一二，那肯定谈得投缘。如你对下棋不甚了解，那也正是个学习的机会，可做个倾听者，适时插话，借此大开眼界。

7. 从心情下手

必须学会察言观色，抓住对方的心理状态，根据对方心情的波动，投其所好，引出话题。如果对方处于暴跳如雷或悲痛欲绝的情况，就应少安毋躁，先安慰对方，使之情绪稳定下来。

8. 即兴引入

巧妙地借用彼时、彼地、彼人的某些档案为题，借此引发交谈。有人善于借助对方的姓名、籍贯、年龄、服饰、职业，等等，即兴引出话题，常常取得惊人的效果。“即兴引入”法的优点是灵活自然，就地取材，其关键是要思想跳跃快，能由此及彼地联想。

还可以针对对方的缺点引发话题，从体谅、爱护对方出发，动之以情、晓之以理，委婉而中肯地提出话题，阐述自己的建议。

找到了共同话题，如何才能让对方感兴趣呢？

1. 距离上套近乎

托陌生人办事时，必须在接近距离上下功夫，力求在短时间内了解得多些，缩短彼此的距离，力求在感情上密切起来。孔子说：“道不同，不相为谋。”志同道合，才能谈得拢。我国有很多“一见如故”的美谈。陌生人要能谈得投缘，要在“故”字上做文章，变“生”为“故”。

2. 施点温柔的小伎俩

人们与初次见面的人交谈时，常常会问“你是哪里人”“哪个学校毕业的”等，这就是在寻找与对方的共鸣。当知道对方的出生地后，就可以说：“哦！三年前我曾去过。”这样一来，马上就会产一种亲切感，心理上的距离就会靠近很多。

接着双方再寒暄两句，也就心照不宣了。

一般而言，寒暄被认为是个单纯的礼仪，但如果其中能加入些了解对方所处立场的感情时，那么寒暄就不仅是表面上的功夫，而更能扣住对方的心弦了。

譬如在寒冷的冬夜里，说一句“好冷的天呀”！在礼仪上来说是个结束，但对其他的话题而言则是个突破口，如果这时候说出“好冷的天气呀！对于在东北长大的你来说，这样的夜晚，会使你怀念起故乡哩”！这样的话语，就能使一个同样在寒冷地方长大的人觉得颇有同感，而表示出这方面相同的信号或话题。即使对方是生长于热带地方的人，在寒暄中而被引得谈起故乡的趣闻，也就会继续谈话寒暄了。

总之，寒暄虽然被认为是个礼仪而已，但如果其中加入个人感情色彩，是不会让人觉得不自然的，而且很容易被接受。

3. 记住对方的名字

谈话的内容固然很重要，然而在谈话时注意用词，时刻表示对对方的关心，也是促进感情交流的方法之一。

据说，当罗斯福总统的专用轿车被送到白宫时，造车的工人也被介绍给总统。当总统兴高采烈地与前来参观的人们寒暄之际，这位生性腼腆的工人一直默默站在一旁，最后，他们要离去时，罗斯福找到这位造车工人，叫出了他的名字，和他握手、致谢。

虽然名字很简单，但罗斯福的这一举，抓住了所有低层工作人员的心。

4. 感情移植

当你希望对方慷慨地提出他的意见时，必须保持快乐的心情。不信的话，我们可看看活跃在电视上或广播电台的节目主持人是如何访问特别来宾的。大家都知道，主持人大多拥有一副好口才，但是，各位或许没有注意到，他们常常巧施“攻心计”，使来宾们保持快乐的心情接受访问。

优秀的节目主持人，能让你觉得自己说的话简直精彩极了。相信只要不是性情古怪的人，面对如此“知心”的朋友，都会坦诚相见，对于对方问的问题，更是知无不言，言无不尽！

要发展彼此间友好的关系，要对对方动之以情，主动地先去了解对方的苦恼与欲求。这种了解作用，心理学上称为“共感”，或称“感情移入”。

要记住的是，你必须先对对方表示“感情移入”，对方才会对你表示“共感”。所以，你必须运用心理战术，做出“共感”的姿态，就会真正产生出彼此的“共感”来。

5. 用方言攻破警戒

当有可能会伤害对方的感情、谈话对他不利的时候，如果直接称呼对方的名字，他的警戒心理反而会增强。这时要使用含糊、暧昧的用语。

例如，不说“你做错了”，而说“人谁都会犯这种错误”，不说“你也老了”，而说“人老是无法改变的自然规律”等。以大人、小孩、男人、女人、年轻人、中年人、老年人等一般性的称呼来替换对方的名字，对方会以为那只是包括自己在内的一般性的问题，并非特指自己，因此，戒备心理会大大放松，这样就能不知不觉地接受你的劝说。

不仅如此，每个人都有自己所喜欢的语言，当听到自己喜欢的语言时，这种语言会立即浸入他的心扉，使他消除戒备心理。例如，东北人喜欢东北话，广州人听到广州方言会感到陶醉。据说，某位著名节目主持人，无论到什么地方总以当地的方言主持节目，确实掌握了对外地人怀有强烈戒备心理的各地区人的心理。

入情入理征服对方

入情入理，这是劝导说服别人最根本的两条原则。

所谓入理，就是摆事实、讲道理，让人从你讲的道理中领悟到其合理性，从而接受你的意见，按照你的意见行事，需要注意的是劝导说理要切中要害。大凡被劝者往往对某一问题想不开，打上了心结，怀有成见。要征服之，非对准这个要害不可。

在沟通交流时要征服对方，也要坚持自己的原则，让对方理解你的行为，来达到征服的目的。要说服他人，首先要让他知道他的观点是不正确的，想方设法使他的思路回到正确的方向，不然，他永远都是错的，你也不能征服他。

如何才能利用巧言辩说真正地征服对方呢？

1. 尊重对方，重视对方的感受

征服的目的是要寻求公理或真理，而不是打倒对方，显示自己。所以，为了使你的道理能让对方接纳，必须是晓之以理、动之以情，切记不可损伤对方的自尊心，即使你非常占理，也不可居高临下、盛气凌人，用嘲讽甚至侮辱的语言攻击对方，这样你不仅不能征服对方，反而会引起在场的其他人的讨厌，这就决定了你只能是战争中的失败者。

平庸的沟通者是开门见山提出要求，结果发生冲突，陷入僵局，而出色的沟通者则首先是建立信任和同情的气氛。如果别人为某事伤脑筋，你就说“我理解你的心情，要是我，我也会这样”。这样说，就显示了你对别人感情的理解和尊重。之后你谈的内容，对方也会相应地加以关注。

美国汽车大王福特说过一句话：“假如有什么成功秘诀的话，就是设身处地替别人着想，了解别人的态度和观点。”因为这样不但能与对方很好地沟通，而且能更清楚地了解对方的思想轨迹及其中的关键点，瞄准目标，击中“要害”，使你的征服更有保证。

曾经有人提过，要想让别人相信你是正确的，并按照你的意见行事，首先必须要人们欢迎你，否则你就会失败。可是如果不能设身处地站在别人的角度，得到别人的诉求，又怎么可能让对方喜欢呢?

卡耐基有一次租用某家饭店的大礼堂来讲课。有一天，他突然接到通知，租金要增加三倍。卡耐基去与经理交涉。他说：

“我接到通知，有点儿难以置信，不过这不怪你。如果我是你，我也会那样做。因为你是饭店的经理，你的职责是尽可能使饭店赢利。”

紧接着，卡耐基为他算了一笔经济账：“将礼堂用于办舞会、晚会，当然会有大把大把的银子。但你撵走了我，也等于撵走了成千上万有文化的中层管理人员，而他们光顾贵饭店，是你花几千元也买不到的活广告。那么哪样更有利呢？”经理被他征服了。

卡耐基之所以成功，就是因为当他说“如果我是你，我也会这样做”时，他已经完全站到了经理的立场。接着，他站在经理的立场上算了一笔账，抓住了经理的心理：赢利，使经理心甘情愿地把天平砝码加到卡耐基这边。

2. 不要混入第三者的优点

达到征服效果的第二个要点，就是不要事比事，人比人。因为此时的比较，往往是拿别人的长压对方的短，这样很容易伤害对方的自尊心。

例如，一位父母这么忠告自己的儿子:“我说汤姆呀，你看隔壁的泰森多有礼貌，多乖啊！你和他同年生的，可你还比他大半年，你要向他学习，做个好孩子啊！”

儿子可能会说：“哼，嘴里整天是泰森这也好那也好，干脆让他做亲生儿子算了！”

儿子的自尊心受到挫伤，父母的忠告效果是适得其反的。

再如，丈夫对不爱干净的妻子提出了忠告：“我说，你看杰克太太是整整齐齐的，而你总是不修边幅，你就不能学学人家吗？”

妻子往往会反驳：“学学人家？你的钱有人家丈夫赚得多吗？家财万贯，难道我还不会打扮？”

虽然妻子明明知道自己的弱点，但出于自尊心，她没好气地回击了丈夫，丈夫的忠告也就无济于事了。

3. 再心硬的人也经不住热情的包围

在与人沟通的时候，他最担心的是可能受到的伤害，因此，在思想上先设了一道防线。在这种情况下，不管你怎么讲道理，他都听不进去。解决这种心态最有效的办法，就是要用真诚的态度、满腔的热情来对待他，在说服他的时候，要用发自肺腑的感情来感化他，使他从内心受到感动，从而改变自己的态度。

有个“的姐”把一个男青年送到指定地点时，对方掏出匕首逼她把钱都交出来，她装作很害怕的样子交给歹徒 200 元钱说：“今天就挣这么点儿，要嫌少就把零钱也给你吧。”说完把又拿出 30 元找零的钱。见“的姐”如此爽快，歹徒有些模棱两可。“的姐”趁机说：“你家在哪儿住？我送你回家吧。这么晚了，家人该等着急了。”见“的姐”是个女子也没反抗，歹徒便把刀收了起来，让“的姐”把他送到火车站去。见气氛缓和，“的姐”不失时机地启发歹徒：“我家里原来也非常困难，后来就跟人家学开车，虽然挣钱不是太多，可养家糊口还是可以的。何况自食其力，穷点儿谁能笑话我呢！”到了火车站，见歹徒要下车，“的姐”又说：“我的钱就算帮助你的，用它干点正事，以后别干这种违法乱纪的事了。”一直不说话的歹徒听罢突然哭了，把 200 多元钱往“的姐”手里一塞说：“大姐，我以后饿死也不干这事了。”说完，他低着头走了。

在这个事例中，“的姐”就是用热情将一个走入歧途的人包围，以至融化。

4. 合适的恐吓也会奏效

很多人都知道用恐吓的方法可以增强征服力，而且还不时地加以运用。这是用善意的威胁使对方产生惊恐感，从而达到征服的效果。

在一次集体活动中，当大家心急如焚地赶到事先预定的旅馆时，却被告知当晚因工作失误，原来预订的套房（有单独浴室）中热水器坏了。为了此事，领队约见旅馆经理。

旅店经理说，锅炉工回家了，他束手无策。领队说："您有两个办法，一是把失职的锅炉工召回来；二是您可以给每个房间拎两桶热水。当然我会配合您劝大家耐心等待。"这次交涉的结果使得经理派人找回了锅炉工，半个小时后每间套房的浴室都有了热水。

威胁能够增强征服力，但是，在具体运用时要注意以下几点：第一，态度要友好；第二，讲清后果，阐明道理；第三，威胁程度不能过火，否则会弄巧成拙。

5. 事实胜于雄辩

道理的"理"性愈强，愈要注意让事实佐证，否则就会因缺乏感性体验，影响对"理"的理解、消化和吸收。用事实补充大道理，可以避免说不着边际而过于空洞的话，联系实际把道理讲明。现在一些大道理之所以让人不感兴趣，就在于讲得虚。

1940 年，处于前线的英国已经没钱从美国"现购自运"军用物资，美国人便想放弃援英，没有预及唇亡齿寒的严重态势。罗斯福总统在记者招待会上宣传《租借法》以说服他们，为国会通过此法成功地营造了舆论氛围。我们佩服他的高瞻远瞩和面临重重障碍也要坚持正确主张而说真话的品格，也不得不叹服他高超的说话技巧。罗斯福并未直接指责这些人目光短浅（这样只能触犯众怒而适得其反），而是妙语连珠、用事实说话。他用通俗易懂的比喻，深入浅出、入情入理、轻松自如、笼络人心，使人不得不信服。

"假如你的邻居失火了，在四五百英尺以外，你有一截浇花园的水管，要是给邻居拿去接上水龙头，大可去灭火，以免火势蔓延到你家里。这时，你怎么办呢？你总不能在救火之前还郑重其事地对他说：朋友，这条管子我花了 15 元，你要照价赔偿。这时候邻居刚好没钱，那么你该怎么办呢？你应当不要他 15 元钱，你要他在灭火之后还你水管。要是火灭了，水管还好好的，那他就会连声道谢，物归原主。假如他把水管弄坏了，他答应照赔不误的话，现在你拿回来的是一条仍可浇花园的水管，那你也不吃亏。"

有句话说得好："不看你说的什么，只看你怎么做的。"同样一个意思，不同的人有不同的说法，不同的说法有不同的效果。与人沟通时，不要以为内心真诚便可以不拘言语，我们还要学会委婉地表达自己的想法，一句话到底应该怎么说，其实很简单，用事实来见证就可以了。

6. 以退为进，以防为攻

在与人沟通时，你首先应该想方设法调节谈话的气氛。如果你用和颜悦色的口吻代替命令，并给人以维持自尊和荣誉的机会，气氛就是缓和而和谐的，沟通也就容易成功；反之，在说服时不尊重他人，拿出一副自命清高的架势，那么沟通多半是要失败的。

有一位中学老师接管了一个学风不正班级的班主任工作，正好赶上学校安排各班级学生参加劳动实践课。这个班的学生躲在阴凉处谁也不肯干活，老师说老师的，学生只当耳旁风。后来这个老师想到一个以退为进的办法，他问学生们："我知道你们并不是怕干活，而是都很怕热吧？"学生们谁也不愿承认懒惰，便七嘴八舌说，确实是因为天气太热了。老师说："既然是这样，我们就等太阳落山再干活，现在我们可以痛痛快快地玩一玩。"学生一听高兴得不得了。在说说笑笑的玩乐中，学生接受了老师的建议，不等太阳下山就开始尽情地投入劳动了。

巧打圆场

拓展人际关系时，要善于听出别人的弦外之音，同样，还要会传达你的言外之意。这是在人际关系中，巧打圆场的最高境界。有经验的人都善于话里有话、一箭双雕，无须废话连篇，就会让听者心知肚明，更有高明者会笑里藏刀、含沙射影，让你不知不觉就走进他的“圈套”。

社会是个复杂的大家庭，遇到一些不平之事，不公之人，心中自然会感觉不平衡。但是稍有不慎，就会在你的人际关系存折上损失一大笔，如何含而不露，巧打圆场呢？

1. 温柔的打击

温柔的打击，其重在温重在柔，即在提醒对方的时候，要避免一定的冲突，借用另一种说话方式表达自己的不满。

丽莹是某局长的掌上明珠，她和某单位的小张谈恋爱时，她总是显示出她在某方面的优越感。可能是因为小张出生在小山村，大学毕业时被分到局里当科员，也没有什么好靠山。丽莹总在这方面压倒小张。

有一次，丽莹到小张家做客，她总对小张家人的某些生活习惯流露出看不惯的情绪，而且还不断地在小张耳边嘀嘀咕咕地发牢骚。特别是吃过晚饭后，把小姑子使唤得团团转，一会儿让沏茶，一会儿又让泡咖啡，可以说是当作一个仆人用了。小张心里很不是滋味，但也不宜直接说，他就借助这个机会笑着对妹妹说：“要当师傅先当徒弟嘛！你现在可得加紧训练一下呀，将来你要嫁到别人家里时，也可以享受一下做师傅的滋润。”

丽莹似乎从小张的话中听出了他的话中话，以后在小张面前就没有表现自己的某些过分行为了。

小张就是在恰当的时机用温柔的打击的方式来表示对丽莹的不满，他用一句“要当师傅先当徒弟”的俗话来提醒丽莹，这就避免了一些直接冲突，也表达出对对方当时有点不满意，这也不失为一种好办法。

2. 幽默的回驳

“幽默是一种优美的、健康的品质。”这是列宁教给我们的话。

幽默是一种不用加工的精神兴奋剂和放松剂，幽默能刺激人的创造性思维。

当你与对方的沟通陷入僵局时，不妨用幽默的方式来缓和一下气氛，既不得罪对方，又不失自己面子，还能让对方欣然接受。

幽默的回驳是拓展人际关系时不可少的一种策略。

3. 和一摊稀泥

一般来说，不能“滥用”“和稀泥”，但对鸡毛蒜皮的小事，作为第三者，就应该懂得“和稀泥”的技巧。“和稀泥”有三种技巧：

技巧一：巧借理由支开一方。如果双方火气正盛，大有剑拔弩张之势，这里第三者即可采取果断形式，借口有什么急事，或有电话把其中一人支开，让双方不要正面接触。等他们消了火气，头脑平静下来了，争端也就容易解决了。

技巧二：真亦假时假亦真。有的时候太当真了，反而惹是生非，碰到这种情况，第三者就可灵活一点，以假掩真，然后顺水推舟，变紧张的场合为活跃、融洽的场面。

技巧三：为朋友卖个面子。第三者可以拿双方过去的情分来打动他们，使他们主动“撤退”。或者以自己与他们每个人之间的情谊作筹码，说：“你们都是我的好朋友，你们闹僵了，让我很为难，就看在我的面子上，握手言和吧。”一般说来，双方都会领第三者的情，握手言和。

中国著名老诗人严阵和一位青年女作家访问美国，在一所博物馆广场上散步时，巧遇有两位美国老人在旁边休息，看见中国人来了，他们很友善地迎上来交谈。其中一位老人为表达对中国人的热情，热烈地拥抱了那位女作家，并亲吻了她。女作家十分难堪，不知所措，另一位老人也抱怨那老人说：“中国人没有这个习惯的。”那位拥抱过女作家的美国老人，像犯了错误似的呆立一旁，严老诗人赶忙上前微笑着说：“呵，尊敬的老先生，你刚才吻的不是这位女士，而是中国，对吧？”那老人马上笑道：“对，对！我吻的既是这位女士，也是中国！”尴尬的气氛在笑声中消失。

4. 侧面点拨

所谓的侧面点拨就是指从侧面委婉地点拨对方，不要直言不讳，而让他能够更容易接受自己的不满，从而打消了他不当的想法。这个技巧往往会借助于一些问句的方式而表达出来。

让你的舌头跳跳桑巴舞

谈吐口才在社会交往中具有很大的吸引力，因为语言本就是人们交流思想的载体，在人的交往中，时时刻刻都离不开这个载体。其实谈吐口才是一种舞蹈的艺术，一种美，也是一种日常口语方略。那些能言善辩，对答如流，表现了非凡口才的，那些音质圆润，吐珠泻玉，言谈娓娓动听的，就会给人一种美感，使人乐于和他们接近。相反，口拙舌笨、结结巴巴、词不达意还容易造成歧义的，语无伦次或者是南腔北调，半土半洋，声音嘶哑发涩的，显然这些就会使别人感到厌恶，不愿意与这些人接近。

谈吐口才如何，其直接会影响到社交的成败，这是不争的事实。同样的一件事，会说与不会说有很大的区别，一句话可以把人说乐，一句话也可以把人说烦，效果是天壤之别。

让你的舌头随美妙的音乐跳跳桑巴舞吧！舌头跳桑巴舞的资本有两个，一是你天生具有的音质及说话时惯用的语调；二是你脑袋里装着的知识、词汇有多少，也就是你内在的修养。

第一，起落有致的语调。

在乌兹别克斯坦有位明星，一次她到美国演出时，有位观众请求她用乌兹别克斯坦语讲台词。她毫不犹豫站起来，开始用流畅的乌兹别克斯坦语念出台词。观众们虽然不了解她说的台词是什么，却觉得听起来令人津津有味。

这位明星接着往下念，语调渐渐转为深沉，最后在慷慨激昂、悲怆万分时戛然而止。台下的观众鸦雀无声，同她一起沉浸在悲伤之中。而这时，台下传来一个男人的笑声，他就是这位明星的丈夫，因为他的夫人刚刚用乌兹别克斯坦语背诵的是九九乘法表！

希腊哲学家苏格拉底说："请开口说话，我才能看清你。"正因为他了解，人的声音是个性的表达，声音来自人体内在，是一种内在的显露。因此，你的声音中可能会透露出惊恐、彷徨和缺乏自信，也可以透露出欣喜、果断和激情迸发。

我们说话的声音，也必须和音乐一样，能够穿进人们心中，才能达到与别人沟通的目的。因此，在表示有疑问的时候，你可以稍微提高句尾的声音；要强调的时候，声音的起伏可以更大些；要表现强烈的感情时，可以把调子降低或逐渐提高。

总之，绝对不要使你的语气单调，因为音阶的变化会加强你的语言魅力。你的热情会在音阶的变化中展现，并且能够感染听者，从而产生沟通的力量。

如何让你的语调起落有致、跌宕勾魂呢？

1. 说话时，口齿清晰，不要混杂鼻音

在日常生活中，我们经常听到"哼……嗯……"的发音，这就是鼻音。如果你聊天时有鼻音的混杂，肯定不会受到欢迎，因为你的声音让人听起来似在反抗，毫无活力，十分消极。有些人将"哼嗯"这种鼻音视为一种流行的聊天方式，但如果你想让自己所说的话更具吸引力和魅力，如果你期望自己的语言更加富有让人魂牵梦绕的感觉，那么从现在开始就别再使用鼻音。

2. 控制的说话时的音量

有的人说话时为了引起别人的注意，发出的声音往往又尖又高。

其实，语言的威慑力和影响力与声音的大小是完全不沾边的，不要以为大喊大叫就一定能征服和压制他人。声音过大只能迫使他人不愿听你讲话甚至厌烦你这个人。与音调一样，我们聊天的声音大小也有其范围。试着发出各种音量大小不同的声音，并仔细听听，找到一种最为合适的、最易为人所接受的音量。

3. 激情四射

洪亮而生机勃勃的声音给人以充满活力与生命力旺盛之感。当你向人传递信

息、与人沟通时，这一点有着重大的影响力。当你讲话时，你的情绪、表情同你聊天的内容一样，会带动和感染你的听众。

4. 保证你的语速能被人接受

在语言交流中，语速的快慢将不同程度地影响你向他人传递的信息。语速太快如同音调过高一样，给人以紧迫和焦虑之感，而且对你所说的也是含糊不清，如果你聊天的语速太快，以至于某些词语一带而过，他人就无法听懂你所说的内容。当然，如果语速太慢，又会令人逐渐丧失耐心，有焦躁沉闷之感。

5. 语调和说话内容要一致

语调能显现出一个人的内心世界、他的情感和态度。你是一个友善真诚、自信十足、乐观幽默、可亲可近的人，还是一个顽固不化、具有挑衅性、好阿谀奉承、令别人不喜欢的人；你是一个优柔寡断、对自己没有信心对别人怀有敌意的人，还是一个诚实果断、自信、坦率并尊重他人的人。从你说话的语调中，人们都能察觉出来。

无论你谈论什么样的话题，都应保持说话的语调与所谈及的内容相和谐，并能恰当地表示你对某一话题的态度。

6. 加强发言的标准性

人们所说出的每一句话、每一个词都是由一个个最基本的语音单位构成，然后加上适当的重音和语调。准确地发音，将有助于你准确地表达自己的思想。这也是提高你的言辞智商的一个重要环节。只有清晰准确地发出每一个音节，才能清楚明白地表达出自己的思想。相反，不清晰的发音不仅影响你形象的重塑，而且你的思想和才能的发挥都可能受到牵连。

7. 控制音色

每个人的音域范围可塑性很大，或高亢，或低沉，或单一，或复杂。聊天时，你必须注意控制自己的音色，不要让自己的声音尖刻刺耳。

有时，为了获得一种特殊的表达效果，人们会故意提高声音和降低声音。但大多数情况下，应该在自身音调的上下限之间找到一种恰当的平衡。

用不着成为著名歌唱家，我们每个人都可以拥有一副优美的嗓音，只要我们懂得如何控制自己的语调。护士平缓的、充满热情的语调可以平息病人的焦虑；教授威严的、清晰的语调可以控制整个课堂的气氛；热线电话的主持人几乎无一例外地用一种语调说话：缓慢，轻柔，娓娓道来，其真诚的语调可以渗透到对方的心里。如果想用甜甜的语调打动对方，那就在说话的时候一直保持微笑，因为笑容也可以“听”得到。

第二，令人折服的内在修养。

“工欲善其事，必先利其器”虽是一句老话，至今仍然广泛应用，要想提高自己的说话能力，首要任务是先充实自己的内在修养。一个胸无点墨的人，你当然不能希望他滔滔不绝。学问是利器，有了这把金钥匙，一切都会迎刃而解。你虽不能对各种学问都有精湛的研究，但是对所谓“常识”却是必须具备的。太精湛的学问，可能别人听不懂；但是常识性的东西，只要是智力正常的人就绝对能明白你的意思，而且都是在双方知晓的基础上进行沟通，也就没有多大问题了。

1. 运用丰富的词汇

由于词汇匮乏而造成的枯燥单一，是无法用清晰而富有节奏的速度来补救的。

也许你能用声调的起落来补充原来没有的意义，使本来沉闷呆板的字眼暂时变得有趣起来。但你最终要懂得：激情的声音必须和生动的词汇相辅相成。

逐步掌握更多的时髦词汇，是丰富语言变化，增强自信心及汲取知识的最好途径。每当你接触到一个陌生的词语，应该先查一查字典，如果觉得它会有用，就练习使用它。直到你对这个新词语的意义有了真正的理解，并且可以自然地脱口而出了，再在日常谈话中运用它。当你能够熟练地运用它之后，就在适当的场合里尽量用上它。但是一定要避免使用那些听众不太熟悉的生僻词语，因为你的目的是交流，而不是炫耀，这样做，甚至会有不必要的歧义产生。

2. 多学习一些知识，补充自己大脑的空白

有一家美容院，生意很兴隆。有人去了解其中的秘诀，店老板坦白承认，完全由于他的美容师在工作时善于和顾客攀谈之故。但怎样使工作人员善于谈话呢？

“简单得很，”店主人说，“我每月把各种报纸杂志都买回来，要求各职员在每天早上未开始工作前一定要阅读，这样，他们自然会获得最新鲜的话题，用此博得顾客的欢心。”

虽然是一个再寻常不过的例子，但它证明了知识是任何事业的根本，你要使谈吐能得到任何人的喜欢，要更多地读书报杂志，使天地间的知识储备在你脑中，到要派上用场的时候则可选择整理，与人对答如流了。

要想做交际场中的高手就应该把驾驭自己的谈吐当作一门必修课。有一位名人曾经这样说：“我们日常生活中发生的冲突、纠纷大都起因于那些令人讨厌的声音、语调以及不良的谈吐习惯。”的确，谈吐上的遗憾可能会导致你失业或者砸了你的一笔生意，有时甚至能把一个轻松的聚会搅得不欢而散。至于因为话说得不对搞得夫妻离异的事情就更是屡见不鲜了。凭你的语言，你的谈吐，有时候会让你高升，有时候会让你一落千丈，语言的威力不可忽视。

即使你的思想就像星星一般闪闪发亮，即使你替公司经营所出的主意像诸葛亮般精明，即使你的头脑里充满了有关艺术、体育、电子学、音乐会、英语等各种渊博学识，但这一切都无法使你免遭语言障碍的困扰。除非你能引起人们的注意，高雅而不失温和地与人交谈、沟通，否则极少有人会愿意听你说完你的见解。想想看，你的声音那么枯燥单一，绝不可能引人注意，更谈不上达到你的目标了，你那种声音恐怕你的母亲也只有耐着性子才能把它听完。

马歇尔·麦卢汉的名言——“外观等于信息”，也许并不适用于人类所有的交流方式，但在语言交流上却是肯定适用的。

语言出现障碍或表达能力不足，至少会使人低估你，会导致针对你的流言蜚语无情传播，当然这会歪曲了你的形象。

你现在还犹豫吗？还要把你的舌头藏起来吗？还要让你的舌头保持所谓的沉稳吗？还要让你的舌头一点活力、生气都没有吗？

逢人只说三分话，口不择言必遭患

一个人一生的成败，都离不开其他人的牵连，只要你会说话，将说话技巧与处世的方法有机地融合在一起，就能更宽地拓展你的人际关系，你的人生就更精彩。

例如：初次见面的人，总是要说上几句话来叩开彼此的心房，一声不吭会给人冷漠、没礼貌的感觉，彼此的情感交流立刻中断，无法再进一步交流。相反，即使是十分熟悉的朋友，也会因为你无心的一句话而受伤或产生误会。由此可见，说话在人际关系中起着很重要的调色作用。

在我们与人交谈时，必须秉持着一颗“诚挚的心”，不要流于口蜜腹剑、油嘴滑舌之辈，并根据时间、场所和对象的不同，而将自己最好的一面通过“说话”展现出来，如此才能拓展良好的人际关系，使自己融入群体之中。

人生在世，谁都想太太平平地过日子，只有会说好话的人，才会有好日子过。

说话比做文章难，做文章可以细细推敲，再三订正，说话则不然，一言既出，驷马难追，说出去的话泼出去的水，所以，当你与人说话时，应该要特别谨慎。

中国有句俗话说：“言多必失。”它的意思是，一个人总是信口开河地说话，说得多了，言语中就自然而然地会暴露出太多私人的东西。例如你对事物的态度，对事态发展的看法，你今后的打算等等，会从言语中不经意地暴露出来，被你的对手所掌握，从而制定出相应的策略来战胜你。而且，你的话多了，其中自然会牵扯到其他人。由于所处的环境不同，人的心理感受不同，而同一句话由于地点不同、时间不同，所表达的情感也会大相径庭，别人在传话的过程中也难免会加入他个人的主观理解，等到你谈的内容被谈话对象收到时，可能已经不是原来的话，面目全非势必造成误解、隔阂。

俗话说："病从口入，祸从口出。"这句话确实非常有道理。大多的灾祸是从自己的言谈中惹出来的，因而慎言可以减少祸端。

言谈的祸端，主要表现在以下两个方面：一是对身边的人和事说三道四，这种不考虑后果的高谈阔论，惹怒了身边的人，就会埋下灾祸的导火线；二是在众人之中挑拨离间、搬弄是非，像长舌妇一样，今天道东家长，明天说西家短，这种缺少修养的言谈，极有可能遭到报复。说话能把握分寸，说得恰到好处，是一种修养，一种水平，既不能唠唠叨叨、口若悬河，又不能该说话时却沉闷不吭声。可见，言谈能反映出一个人为人处世的涵养功夫，要把握好分寸和态势。

所以"逢人只说三分话"。那七分话就留在自己肚子里不必对别人表白出来。

或许会有人认为大丈夫光明磊落，事无不可对人言，何必只说三分话呢？

其实这句话的关键是指要看对方是什么人，如果对方不是可以深交的人，你说三分话已经足够；对方若不是深交的人，你也滔滔不绝，以图一时之快，对方的反应会怎样呢？你说的是属于你自己的事，关对方什么事？

彼此关系浅薄，你对他深谈，显出你没城府。如果话题是关于对方的，你不是他的挚友，不便与他深谈，忠言逆耳，显出你很唐突。

如果你的话题是涉及他人的，对方的立场到底是正是邪，你并不明白，对方的主张如何，你也不明白，你偏直言不讳，就往往会伤害对方。

逢人只说三分话，不是不可说，而是不必要的话不必说。善于处世的人，说话圆滑而不留痕迹，这是拓展人际关系的必备手段，绝不是他不诚实，更不是狡猾。

说话本来就有三种限制。一是人，二是地，三是时，非其人，不说；非其时，虽得其人，不必说；得其人，得其时，而不是说话的地方，仍是不必说。

不是说话的人，你说三分话已是太多；得其人，而不是说话的地方，你说三分话，正给他一个暗示，看着他的反应；得其人得其时，而不是说话的地方，你说三分话，正可以引起他的注意，如有必要的话，不妨选个地方仔细聊聊，这才是明智之举。

每个人都有自己的隐私权，每个人也都有保护自己隐私的强烈意识。假若你说话时偏在无意中犯着他的隐私，基于言者无心，听者有意的道理，他会认为你是有意说穿他的隐私，对你怀恨在心，所以说话时最好能三思而后行，不要信口开河，避免走进别人的雷区。

还有一种情况，别人做的事，别有用心，他对自己的用心，极力掩饰不让人知，如果被你发现了，必然对他非常不利。你如与他向来熟悉，对他的用心知之甚深，他虽不能断定你一定明白，然而终究会对你感到十分担心与怀疑重重。你处于这种困难境地，绝不可对他表明守口如瓶，那你将如何自处呢？你唯一的办法，只有假装没听见，若无其事，这样你的利益也不会受损，和朋友的关系也不会弄僵。

他有阴谋诡计，你却是第二刽子手，代为决策，帮他执行，从乐观方面说，你是他的心腹，从悲观方面说，你是他的心腹之患。你虽谨慎地替他守口如瓶，从来不提及这件事，不料另外有智者猜中此事，对外公开宣布，那么你无法逃掉泄露的嫌疑。你只有经常接近他，表示自己绝无二心，同时设法侦察泄露这个秘密的人。才能证明你对他的忠诚。

万一对方对你尚无深度的认识，对你半信半疑，你却极力讨好他，对他全盘托出，什么都告诉他，假使他采用你的话，然而试行的结果并不好，一定疑心你有意捉弄他，使他上当。即使试行结果很好，他对你也未必会增加好感，认为你只是走了狗屎运，实行又不是你的所为，怎可以算你的功劳，所以你这个时候还是不说话为好。

他犯有错误被你知道，你便不惜声援正义，直言进谏。他本来就已觉得愧疚，唯恐旁人知情，你却把事情的来龙去脉都说出来，他自然更觉无地自容，由惭愧而愤恨，由愤恨而与你发生关系的裂痕，你不是凭空多了一个冤家？所以，即使告之，也应以婉转为宜，说话不要说真话。

在某一次宴会上，某人向邻座的太太讲起了某局长的秘密，同时表现出对那位局长低劣伎俩的大为不满，并大大地说了一堆泄恨的话。

直到后来，那位太太才问他道：“先生，你认识我是谁吗？”

“很抱歉，我忘了请教您贵姓。”他回答道。

“我是你说的那位局长的夫人！”

这位先生窘住了，但隔了一会儿，他却镇静地问道：

“那么，您认识我吗？”

“不认识。”那位太太摇头作答。

“哦，还好，还好！”那人这才如释重负地说道。

显然，那个先生就犯了不分对象说话的毛病，幸亏那位太太不认识他，否则，不仅现场非常尴尬，还可能因说局长的坏话，而耽误自己的前程。

古时，在一富人举行的一次寿宴上，客人同说“寿”字酒令。一人说“寿高彭祖”，一人说“寿比南山”，一人却说：“受福如受罪”。众客道：“这话太不吉祥了，且受字也不是寿字，该罚酒三杯，另说好的。”这人喝了酒，又说道：“寿夭莫非命。”众人大怒地说：“生日寿诞，岂可说此不吉利话。”这人自悔道：“该死了，该死了。”

同事发了奖金请人吃饭就差一人未到。主人等焦急了，自言自语道：“咳，该来的还没来。”一个客人听了，心中不快道：“这么说，我就是不该来的了？”站起身走了。主人着急，说：“不该走的又走了。”另一客人也不高兴了，“难道我就是那该走又赖着不走的？”一生气，告辞走了。主人苦笑着对剩下的一位客人说：“他们误会了，其实我不是说他们……”最后一位客人想：“不说他们就是我了。”主人的话未完，最后一位客人也拜拜了。

“害人的舌头比魔鬼还厉害……上帝仁慈为情，特地在舌头外面筑起一排牙齿，两片嘴唇，好让人们在开口讲话之前多加考虑。”这是思想家的语言，意思是说我们在说话之前要多加谨慎，要负责任，不能出口伤人，损害别人。

其实，言为心声，语言受思想支配，反映一个人的修养，不对自己说的话负责任，胡说八道、造谣惑众、搬弄是非等等，都是不道德的。

能管住自己的舌头就是拓展人际关系的成功之处。

我们所说的“见人只说三分话”绝非生活中常见的人前一套，人后一套的做法。生活中见人说人话，见鬼说鬼话的实在太多了。事实是这样，有人偏偏说成那样。刚才还这样讲，一转身又那样讲了。这样见风使舵、看人下菜碟、言不由衷、自欺欺人，活得多累，又多没劲啊。俄国作家契诃夫笔下的“变色龙”，就是这样很“累”地不断自打嘴巴地说话的。我们做人可不能这样。

说话难，但也不能就此闭口不言，学会怎样说话就是很必要的事了。

技巧是要学习，但这并不意味着我们可以不要原则，溜须拍马、曲意逢迎。

如果不是真心说话，那技巧就变成了恶行。记得有位名主持说得好：“也许有一天我们会讨论技巧，我们用酒精泡出了经验，我们得意地欣赏属于自己的一份娴熟时，发现我们丢了许多东西，那东西对我们很重要。”

说话放弃原则，丢掉的不仅仅是人格。

说话这事，孩子不会觉得难，怎么想就怎么说，只有大人们觉得是道难题。大人们知道左右逢源、思前想后，知道掂量和玩味，孩子们的词典里还没有这些词汇，也就没觉得多么难。那么，如果我们实在想说，如鲠在喉，不吐不快，又不知道该怎么说时，如何应对呢？崔永元出了个主意：那就实话实说，就像来自德国的教练施拉普纳对中国足球运动员说的：“当你不知道该把球往哪儿踢时，就往对方球门里踢！”

这是解决说话难的最好办法，指鹿为马，阿谀奉承只能避开一时的麻烦，得到的是良心上的永久不安。但是切忌口不择言，讲究一下方略，“见人只说三分话”，实在要说，那就多说一分——四分话。

见什么人说什么话

战国时期著名的纵横家鬼谷子曾经经典地总结出与各种各样的人交谈的办法：“与智者言依于博，与博者议论依于辩，与辩者言依于要，与贵者言依于势，与富者言依于豪，与贫者言依于利，与卑者言依于谦，与勇者言依于聚，与愚者言依于锐。”“说人主者，必与之言奇，说人臣者，必与之言私。”

上面两段话意思是说，和聪明的人说话，必须见闻广博；与见闻广博的人说话，要有灵活的辨析能力；与地位高的人说话，态度要敬仰，与有钱的人说话，言辞要大大咧咧；与穷人说话，要给予优惠或实利；与地位低下的人说话，要谦逊有礼；与勇敢的人说话，要敢作敢当；与愚笨的人说话，可以锋芒毕露；与领导说话，须用奇特的事打动他；与下属说话，须用切身利益说服他。

就一个简单的说话，就要扮演这么多角色，可见其说话的灵活多变以及地位的重要性。

说话是人的一种能力，一种本领，一种功夫，也是一门游刃有余的艺术。大凡艺术创作都有基本原理，说话这门学问也概莫能外。

在人类说话发展史上，话语及其效能是有等级的。文采非凡的人说的话叫雅言，反之叫作白话、粗话。奴隶被看作是会说话的牲畜，说与不说没什么区别；做奴才被看作是会说话的工具，帝王被法定为金口玉言，一言九鼎的圣人了，写在纸上的话便叫作圣旨，随口骂人的话叫作圣训，说的话叫作圣谕。没想到吧，说话也要分等级的。

人们之所以说话，其目的就在于交流，人说人语，鬼说鬼话，半鬼半仙的妖人说妖言。讲话以前要平衡掌握听众的水平，弄不好就会犯错误。搭话以前要思考一下问话者的人品，弄不好就出毛病。因此，见人要说人话，见鬼要说鬼话，见妖人要说妖话。见人说鬼话是虚伪的，见鬼说人话是浪费时间的，见人说人话需要艺术，讲究一点艺术就不会伤害人了；见鬼说鬼话需要些技术，然后采用一点技术就不会被鬼咬伤了；见妖说妖话要睁一只眼闭一只眼，稍不注意就会被妖人“忽悠”。

言为心声，说话可以展现一个人独有的魅力。老子在《道德经》里指出：“信言不美，美言不信。”另外孔子还强调指出：“巧言令色，鲜仁矣！”

见什么人说什么话，不光要注意对方的身份，还要从心理上进行分析、地域上划分，年龄、性质、职业、性格、文化修养、兴趣爱好等都是我们需要注意的点。

1. 看清对方的身份地位

比如，与领导说话或是探讨工作，就应该尽量用“请教”的语气让领导多指导工作，多讨教办事经验，他会觉得你尊重他，看重他，所以，在工作中，在办事过程中即使你全都懂，也要装出有不明白的地方，然后主动去问领导：“关于这事，我不太了解，应该如何办？”或“这件看来这样做比较好，领导还有什么指教的吗？”

领导一定会很高兴地说：“嗯，就照这样做！”或“这个地方你要修改一下！”或“大体这样就好了！”如此一来，我们不但会减少错误，还会在领导面前呈现自身的价值，有了他的帮助和支持，后面的事情就好办多了。

2. 解剖对方的心理

通过对手无意中显示出来的态度及姿态，剖析他的心理，有时能捕捉到比语言表露更真实、更细微的思想。

我们很常见的有对方抱着胳膊，表示在思考问题；抱着头，表明一筹莫展；垂头丧气、步履沉重，说明他心灰气馁；昂首挺胸、高谈阔论，是自信的流露；真正自信而有实力的人，反而会探身谦虚地听取别人的讲话；抖动双腿常常是内心急躁苦思对策的动作，若是轻微颤动，就可能是心情自在的表现。

3. 地域上也有不同的表现

一方水土养一方人，每个人都有根深蒂固的习惯，那是他从小培养的很难改变。如果针对不同地域的人采用相应的说话方式，距离就会缩短，所谓“入乡随俗”也是这个道理。

陈毅同志在一次报告中说：“我们有充分的信心可以预见，解放全中国已经不需要太长的时间了！解放上海，更是指日可待！（台下爆发雷鸣般的掌声）过不了几天，（用生硬的上海话）阿拉这些土八路可以到上海白相相了！”（台下充满笑声）这样的话在那个地域的具体场合显得十分恰当，而且出语幽默又鼓舞人心。

4. 细节上的注意

除了上面明显的三点注意外，下面的也不可忽视，总概起来有 6 小点。①根据性别的差异。对男性，需要采取较强有力的语言；对女性，则可以温柔一些。②根据年龄的差异。对年轻人，应采用鼓动的语言；对中年人，应讲明利害，供他们斟酌自主选择；对老年人，应以商量的口吻，尽量表示尊重的态度。③根据职业的差异。不论遇到从事何种职业的人，都要运用与对方所掌握的专业知识关联较紧的语言与之交谈，对方与你的互融感就会大大增加。④根据性格的差异。若对方性格豪爽，便可以单刀直入；若对方性格迟缓，则要“慢工出细活”；若对方生性多疑，切忌话语连篇，应该不动声色，使其疑惑自消。⑤根据文化修养的差异。一般来说，对文化程度低的人所采用的方法应通俗易懂，多使用一些具体的数字和例子；对于文化程度高的人，则可以采取高雅的说理方法。⑥根据兴趣爱好的差异。凡是有兴趣爱好的人，当你谈起有关他的爱好方面的事情时，对方都会充满热情，同时也会在无形中对你产生好感。

在《三国演义》中，诸葛亮针对张飞脾气暴躁的性格，常常采用“激将法”来说服他。每当遇到重要战争，先说他没有资格担当此任，或说怕他贪杯酒后误事，激他立下军令状，增强他责任感和紧迫感，激发他的斗志和勇气，扫除轻敌思想。

诸葛亮对关羽，则采取“推崇法”，如马超归顺刘备之后，关羽提出要与马超比武。为了避免二虎相斗，损伤战斗力，诸葛亮给关羽写了一封信：我听说关将军想与马超一比高下。依我看来，马超虽然胆略过人，但只能与翼德并驱争先，怎么能与你“美髯公”相提并论呢？再说将军担当镇守荆州的征途，如果你离开了以小失大，罪过有多大啊！

关羽看了信以后，笑着说：“还是孔明知道我的心啊！”他将书信给宾客们传看，与马超比武的念头也就灰飞烟灭了。

5. 什么场合说什么话

这一点尤其重要，因为场合对说话的影响和其他因素一样具体直接。场合多种多样，从性质方面看，场合有正式与非正式之分。正式场合指从事公务活动的场所，如报告集会、会议室、办公室等。非正式场合指日常交往的娱乐场所，如家庭、商店、酒吧、电影院等。一般说来正式场合社会制约性较强，人多、庄重典雅，说话时要注意做到准确规范不失风范。而非正式场合比较宽松、随便，说话也不必一本正经，应以平易、通俗、幽默为宜。

从氛围方面看，场合有悲痛和喜庆之分。在喜庆的场合应讲一些轻松、诙谐、幽默的话语，在悲痛的场合应不讲或讲一些与场合的氛围相融洽的话语。这是起码的尊重。如果不注意这一点，说话就会引起别人的反感。从前有一个人说话没个准，不知道什么场合说什么话。有一次他姐姐生了一个孩子，许多人都去祝贺，他老婆告诉他，去祝贺时只管吃饭，一句话都不要说，惹得姐姐一家人不高兴。他说：“这次我一句话也没说，如果你的小孩死了，可不关我的事了。”这位先生说的话可谓不分场合，如果他是个弱智，情有可原，除此，非受批评不可。

从对象的数量看，场合有大小之分，有的场合人数较少，甚至只有一个对象，这种场合说话一般较为自由；有的场合人数较多，说话时要庄重。

6. 环境制约说话

所谓关系环境是指亲疏远近而构成的环境。人与人之间的关系含义很多，至少包括血缘关系、工作关系、朋友关系等。关系深浅不同，说话也应深浅不同。

倘若对方不是相知很深，只是一面之缘，你也畅所欲言，无所顾忌，则显得你没有修养；你与他不是诤友，却见面劝其这样那样，这显得你冒昧，好像是嫉妒别人。因此，对关系不深的人，大可聊聊闲天，天马行空走一遭，而对个人的私事还是不谈为好。但这并不是说对任何事都遮遮盖盖，见面绝不超过三句话。如果是关系不一般，则可以不断地交流思想，推心置腹地交流，如果对方遇到困难，可帮助对方出出主意，排忧解难。

中国古代有“一言可以兴邦，一言也可以误国”之说。此言道出了说话的重要性。现代社会里，人离不开说话犹如鱼儿离不开水，在人际网络中，扮演好说话的角色，肯定会受益匪浅。

三寸不烂舌

“一人之辩，重于九鼎之宝；三寸之舌，强于百万之师。”这说明了说话的重要性。

人与人之间的相处，人与人之间的信息交流，首先是通过说话开始的。离开了语言，整个世界将变得暗无天日，人与人之间的沟通就失去了桥梁。

在中国涓涓不息的历史长河中，涌现出了诸如孔子、孟子、苏秦、张仪等一大批人，凭“三寸之舌”而能“一言兴邦，一言衰邦”的杰出游说家。春秋时期出现的纵横家，更是“一怒而诸侯慎，安居而天下息”。

在西方国家，口才更被列为必学之列，不仅在日常生活中离不开口才，在政治生活中更离不开口才，涌现了许多著名的演讲家。

在现代社会中，人与人之间的交往空间频繁，每时每刻都需要口才，工作中的交流，政治舞台上的争鸣，学术园地里的辩论，外交活动的斡旋，经济领域的谈判，哪一样离得开口才呢？

口才很重要，但口才不是许多人通常认为的那样。嘴皮子动动就可以了，它实际上是一个综合能力的体现。一个善于表达的人，必须是一个具有敏锐洞察力的人，只有这样，说出来的话才能既妙语连珠，又能反映出事物的本质。此外，还需能说标准的普通话，具有严密的逻辑思维、丰富的词汇、渊博的知识，具有自信心，对人诚恳等，只有这样，说出的话才有分量，才能起到强于百万之师的威力。

但好的口才不是说你要胜过每个人，你要在嘴皮上比别人略胜一筹，真正好的口才是善言而非善辩，是绅士而非深沉。

一个过于争强好胜的人面临着两种选择：要么是暂时的、表演式的、口头的荣誉；要么是他人对你的永久感。很少有二者兼得的情况。而有些人总是喜欢与人舌战不休，与人拍桌打椅，争得面红耳赤，声嘶力竭，而最后的结果只有一个：徒劳无功。因为即使他争赢了，但这种表面的胜利也只是一个表面性的东西，而且会损伤对方的自尊，影响对方的情绪。若是争输了，当然自己也不会觉得有面子。所以，最好的策略就是避免与人争论。

第二次世界大战刚结束的一天晚上，美国人戴尔·卡耐基在伦敦获得了一个极有价值的教训。当时他是罗斯·史密斯爵士的私人经纪人。大战期间，史密斯爵士曾任澳大利亚空军战斗机飞行员，被派在巴勒斯坦工作。欧战胜利缔结和约后不久，他以 30 天旅行半个地球的壮举震惊了全世界。这是前无古人的壮举，引起了很大的轰动。澳大利亚政府颁发给他 5000 美元奖金，英国国王授予了他爵士爵位。有一天晚上，戴尔·卡耐基参加了一次为祝贺他而举行的宴会。宴席中，坐在戴尔·卡耐基右边的一位先生讲了一段幽默的话，并引出了一句话，意思是“谋事在人，成事在天”。

他说那句话出自《圣经》，他错了。戴尔·卡耐基知道，这句话并非出自《圣经》。为了表现出优越感，戴尔·卡耐基很乐意地纠正他。他立刻反唇相讥：“什么？出自莎士比亚？不可能，绝对不可能！那句话出自《圣经》。”他自信确定如他所说！

那位先生坐在右边，戴尔·卡耐基的老朋友弗兰克·格蒙在卡耐基左边，他研究莎士比亚的著作已有多年。于是，戴尔·卡耐基和那位先生都同意向他请教，格蒙听了，在桌下踢了戴尔·卡耐基一下，然后说：“戴尔，这位先生没说错，《圣经》里有这句话。”

“那晚回家的路上，我对格蒙说：‘弗兰克，你明明知道那句话出自莎士比亚。’‘是的，当然，’他回答，‘哈姆雷特第五幕第二场。可是亲爱的戴尔，我们是宴会上的客人。为什么非要说明他错了？那样会使他欢迎你吗？为什么要让他下不来台？他并没问你的意见啊。他不需要你的意见。为什么要跟他抬杠？时刻记住：永远避免跟人家正面冲突。’”

“永远避免跟人家正面冲突。”卡耐基谨记了这个教训。

小时候，卡耐基是个喜欢抬杠的孩子，他和哥哥曾为天底下所有的事物而抬杠。进入大学，他又选修逻辑学和辩论术，也经常参加辩论比较。他曾一度想写一本这方面的书，他听过、看过、参加过，也谴责过数千次的争论。这一切的结果，使他得到一个结论：天底下只有一种能在争论中获胜的方式，就是不要与人争论，要像躲避瘟疫那样避免争论。

十之八九，争论的结果会使双方比以前更坚信自己的正确性。你赢不了争论。要是输了，当然你就输了；如果赢了，还是输了。为什么？因为“一个人即使口服，但心里并不服”。

你不能辩论取胜。你不能，因为如果你辩论失败，那你当然失败了；如果你得胜了，你还是失败的。为什么？假定你胜过对方，将他的理由击得体无完肤，并证明他是神经错乱，那又怎样？你觉得很好，但他怎样？你使他觉得无地自容，你伤了他的自尊，也不会服你的赢。

本杰明·富兰克林有这么一句话：“如果你老是抬杠、反驳，也许偶尔能获胜，但那只是空洞的胜利，因为你永远得不到对方的好感。”

因此，你自己要衡量一下，你宁愿要一种肤浅的、表面上的胜利，还是要别人对你的长久好感？

威尔逊总统任内的财政部长威廉·肯罗以多年政治生涯获得的经验，说了一句话：“靠辩论不可能使无知的人服气。”

这是很实际的问题，在我们的日常交流中如果我们的声音渐渐提高，说出“我认为这种想法愚蠢透顶”这样的话来，就是一种刺痛他人的反驳了。这时，旁观者心急如焚，朋友们躲到树后去，也就不足为奇了。为赢得一场小事的争吵而失去一位朋友，实在是得不偿失的事情。

争吵使人们形同陌路，而讨论却能使人们结合在一起。

争吵是野蛮的，讨论则是文明的。

有的时候，辩论乃至争吵是不可避免的，即使在友谊和婚姻中也避免不了发生口角，但裂痕却可能到来。家庭中的情感宣泄有时可能有助于解除沉闷的氛围，就像一场雷雨能把一场暑气一扫而光。然而即使如此，争吵及其弥合也最好是在个人环境里进行。

拿破仑的侍卫长康斯坦经常和约瑟芬打台球。他在《拿破仑生平回忆》一书中写道："尽管我台球打得很好，但总是设法让他赢，以此博得他的欢心。"

我们应牢记这一点：在非原则争论中要给予顾客、朋友和夫人们取胜的机会。不能以报仇，而应以爱消恨。误会是不能靠争吵消除的，它只能靠接触、和解的理想和理解对方的真诚心意。

除了做到善言还不够，我们还要表现得很绅士。

修养本身就是一笔财富。文明的举止可以替代金钱的功能，有了它就像有了通行证一样，可以畅通无阻。所有的大门都向他们敞开，他们即使身无分文，也随时随地会受到人们热心全面的服务。他们不用付出太多就可以享有一切，他们在哪里都能让人感到早晨一样的清新，到处受到人们的欢迎。因为他们带来的是融洽、是太阳、是欢乐。一切妒忌、一切卑劣的心思，遇到他们自然就会自叹不如，因为他们肯定也会受到他那种与人为善的态度的感染。

这正像英国政治家柴斯特菲尔德所说的："一个人只要自身有教养，不管别人举止怎么不适当，都不能伤他一根毫毛，他自然就给人一种凛然不可侵犯的尊严，会受到所有人的尊重。而没有教养的人，容易让人生出侮慢的心理。"

美国诗人詹姆士·洛威尔对人从来都很绅士，对每个人都一视同仁，无论对方是乞丐还是国王。有一次，有人看到他在街头和一位卖艺的风琴师用意大利语谈得兴致勃勃。原来，他们是在讨论意大利的风景，两个人对那里都很熟悉。

这样的举止不是没有风度，反而更绅士。

一次在伦敦，一个青年妇女疾步穿过街道拐角，不小心和人撞上了。那是一个要饭的小孩，穿得破破烂烂，几乎被撞倒。女士赶紧刹住脚步，扭过身子，声音非常亲切地说："请原谅，孩子，撞到你了，真对不起。"小孩瞪大了眼睛，看了她一会儿，然后脱下帽子，向她深深鞠了一躬，脸上却充满了快乐的笑容，说道："我原谅您了，小姐，非常高兴……非常高兴。就算您把我撞倒也没有关系，我不会有什么怨言的。"这位女士离开后，要饭的小孩忍不住对同伴说："喂，麦克，第一次让人请求我的原谅，我真是高兴坏了。"

早在2000年前，亚里士多德就曾描绘过一个真正的绅士应该是什么样子："无论身处顺境、逆境，一个宽宏大量的人总是追求行事适度。他不期望人们的欢呼喝彩，也不允许别人对他嘲弄贬低；成功的时候不会得意忘形，遭受了失败也不愁眉苦脸。他不会去做无谓的冒险，也不会随随便便谈论自己或者别人。他不在意别人的毁誉，也不会对人求全责备。”

真正的绅士应当言行一致。宝石上了光之后虽然更有光泽，但首先它必须是宝石。一个真正的绅士举止温文尔雅、谦逊知礼，不会轻易动怒，更不会主动挑衅。他从不恶意怀疑他人甚至真正去行恶，那更是想都没有想过的事情。他努力克制自己的私欲，提高自己的修养，出言谨慎，尊重他人。真正的绅士，应该是一个人间的极品，经过风吹雨打，也不会有任何改变。一个真正的绅士可能会失去财富，但不会丢掉他的自信、乐观、希望、品德和自尊。这样，即使他失去了很多，但他实际上仍然很富有。

绅士你是做到了，但是把话憋在心里也会很难受，所以分析一个问题，我们还必须从根源上分析，只有除去这种坏根，剩下的就可以美好地生存了。

我们也总不能停留在自己的那一寸田地里不前进，所以还要培养自己善言的能力。

1. 培养自己的个性

无论多么轻松的对话，或写给多么亲密的人的信，都应该拥有自己的个性，这点很重要。

尽管说话前的准备工作十分重要，但是，在无法预做准备的情况下，应在说完话之后，过滤一下是否有更好的表达方式。做到这一点，也能使你的口才有所提高。

2. 说话正确，发音准确

你应该注意过深深吸引我们的主持人是怎么样说话的吧？只要仔细观察便不难发现，所谓的好主播，都很重视清晰的发音与正确的措辞。语言的目的，在于传达概念。如果采用无法传达概念的说法，或引不起别人兴趣的说话方式，将是最失败透顶的事。

3. 勤于练习笔下功夫

选几个社会性的问题，在脑中想好关于这些问题可能出现的认同意见与反对意见，并假设争论的具体情况。然后再把它写成流利的文章，同样是很好地提升自己语言表达能力的方法。例如，你不妨考虑一下有关巩固国防的问题。反对意见之一，必然是以为强大的军备力量，将使周围的国家产生遭受威胁的恐惧！至于赞成意见之一，则是武力必须以武力来对抗。像这种认同、反对两种论调，应在能想象到的范围内，竭尽所能去想。比方说，在本质上来说，巩固国防并非好事，但是根据情况的不同，巩固国防可能成为防止他国之恶的必要武力等，这是要深切考虑的事。这样一来，才能理出自己的思绪，再试着把它写成优雅的文章。这不但可作为辩论的练习，而且可以培养成出口成章的出色的谈话风格。

4. 以书为鉴

为了这种目的而读书，最好多注意文体及文字的使用方法。同时边看边思考，琢磨该怎么做才会表现得更好，如果自己也写同样的题材，有什么地方比不上别人。即使写的是同样的事情，由于作者不同，其表现方式将有多大差异？或者，由于表现方式不同，即使是同一件事，所给予读者的印象又将有多少反差？诸如此类的问题，最好在阅读时就提前考虑到。无论多么精彩的内容，要是言辞的使用方法不正确，或文章本身缺乏文采，抑或文体和主题并不相称，将使读者觉得扫兴，希望你能仔细琢磨。

诸葛亮的《诫子书》中说：“夫君子之行，静以修身，俭以养德。非淡泊无以明志，非宁静无以致远。夫学须静也，才须学也，非学无以广才，非静无以成学。”在这段文字里，一个“俭”字，一个“静”字对于做人很重要，俭就是淡泊，静就是宁静。

提倡“淡泊”并非让我们逃避现实，过隐居山中的生活，而是希望我们的生活和为人处世更潇洒一些。

“淡泊以明志，宁静以致远”，这正是人生自我超越的最高境界，与世无争在淡泊中励志，在大屈中求大解。

5. 感谢的话不要一拖再拖

现代社会里，感谢的话是文明的一个很好的象征，感谢的话要真诚，要言出肺腑，做到声情并茂，让对方如沐春风，顿感温暖，光真诚还不够，感谢别人还需要即时感谢，把感谢的话留到明天不是说没有用，而是没有多大用，所以感谢的话今天就说出来吧！

“感谢”在很多情况下其实是一种对对方心理需求的满足。就不同的人来说，其心理需求是大相径庭的。有的人希望你对他的一举一动本身表示感谢，有的人希望你对他的行为的效果进行感谢，有的人则希望你对他个人进行感谢。因此，感谢就应首先满足被感动者这种心理需求。尤其是小伙子对大姑娘表示感谢，更要对“感谢动机”采取谨慎的态度。诸如：“谢谢你，想不到你一直在想着我”之类的话很容易造成误会，还不如只对对方行为本身说声：“谢谢！”因此，感谢一定要针对对方的心理需求而发。

此外，感谢还要针对对方的不同身份特点采取相应的感谢。老年人自信自己的经过对青年有一定的作用，青年人在表示感谢时就应感谢对方言行的效果，“谢谢你，您的这番话使我明白了许多道理……”这会使老年人感到满足，并对你感到满意，认为：这个小青年修养人品好啊，孺子可教也。女人常以心地善良、体贴别人为自己独特的人格魅力，因此在感谢时，说“你真好”就比“谢谢你”更好一些，说“幸亏你帮我想到了这点”就比“你想到这点可真不容易呀”要强得多。

“谢谢”的力量在人际交往中举足轻重。无论是你对别人说，还是别人对你说，你都会体会到说与不说这两个字实在有天壤之别。“谢谢”不仅仅是一句客套话，一句礼貌用语，它已经成为沟通人们心灵的润滑剂。

所以，感谢的话不要一拖再拖！

同时，要感谢别人时，一定要从内心深处发出，一定要真诚，态度一定要温和，语调要轻柔，口齿一定要清晰！

委婉也是门艺术

大千世界中的每个人，都有自己独特的个性、独特的爱好和不同的生活态度，在相互交际中不可避免地会产生观念上的差异。如果我们能在不否定他人见解的前提下得体地表达自己的意思，那么就会达到交际上的成功。可见，委婉开口是一个很有效的说话方式。

委婉，或称婉转、婉曲，是一种文学上的修辞手法。它是指在讲话时是不直抒胸臆，而是用委婉之词加以烘托或暗示，让人自己去体悟。而且越揣摩，含义越深越远，因而也就越具有吸引力和感染力，说话委婉含蓄，更是一种艺术。之所以说委婉含蓄是说话的艺术，是因为它体现了说话者驾驭语言的技巧，而且也表现了对听众联想力和理解力的信任。

生活中有许多事情是“只可意会，不可言传”的。如果说话者不相信听众丰富的理解力，把所有的意思和盘托出，这种词意肤浅、平淡无味的话语不但会使人不乐，而且会使说话失去魅力。列宁在研究费尔巴哈《宗教本质演讲录》时，摘录了这样一段话：“顺便说说，俏皮的写作手法还在于：它预计到读者也有智慧，它不把一切都说出来，而让读者自己去说出那样一切关系、条件和界限——只有在这些关系、条件和界限都具备时说出来的那句话才是真实的和有意义的。”可见，委婉含蓄主要具有如下三种情况：第一，人们有时在表达某种心事，提出某种要求时，常有种担心、为难心理，而委婉含蓄的表达则能克服这个问题。第二，每个人都有自尊心。在人际交往中，对对方自尊心的维护或伤害，常常是影响人际关系好坏的直接原因，而有些表达，如拒绝对方的要求，表达反对对方的意见，指责对方等，又极容易伤害对方的自尊。这时，委婉含蓄的表达常能起到既能完成表达任务，又能维护对方自尊的效果。第三，有时在某种情境中，例如碍于第三者在场，有些话就不便说，这时就可用委婉含蓄的表达。

委婉虽然是一种“治标剂”，但却是语言交际中的一种极其重要的“缓冲”，它会让原本可能困难的交往变得顺利起来，让听者在比较舒适的氛围中领悟到话中有话的深意。

林肯一直习惯用具有视觉效果的词句来说话。对于每天送到白宫办公桌上的那些冗长的、复杂的官式报告，他感到非常反感。他决定提出反对意见，但他不以那种无味的词句来表示反对，而是以一种几乎不可能被人遗忘的图画式字句说出来：“当我派一个人出去买马的时候，”他说，“我并不希望这个人告诉我这匹马的尾巴有多少根。我只希望知道它的特点在哪里就可以了。”

委婉通常有三种类型：借用式、曲语式和讳饰式。

借用式，是指借用某一事物或其他事物的特征来代替对事物本质问题直接回答的语言方法。

曲语式，是指用曲折含蓄的语言和融洽的语气表达自己看法的语言方法。

讳饰式，是指用委婉的词语表达不便明说或使人感到难堪的语言方法。

正话反说也是一种委婉说话的技巧，其特点就是字面意思与本意完全相反，让听者自觉去领悟，从而接受你的意见。

楚国有位能言善辩的口才家优孟，他善于在谈笑之间嘲讽国君。有一次，楚庄王十分喜爱的一匹马因长得太肥而死了。庄王竟命令全体大臣致哀，要用棺椁装殓，还要用大夫的礼节隆重地举行葬礼。文武百官纷纷劝他别这样做，楚王十分不满意，下令说：“谁敢为葬马的事来对我说话的格杀勿论！”众大臣都害怕得不敢说话了。

优孟听到这事，就号啕大哭着进入王宫。庄王很奇怪，问他为什么哭。优孟回答说：“我是为葬马的事儿哭呢！那匹死去的马，是大王最心爱的。像楚国这样一个堂堂大国，却只有以大夫的葬礼来办丧事，实在太轻慢了。一定要用国王的葬礼才像样呢！”

楚王听到优孟不像群臣那样死缠烂打地反对，而是支持他的主张，不觉喜上心头，很开心地问：“照你看来，应该怎样办才好呢？”

“依我看来”，优孟清了清嗓，慢慢说，“要拿白玉做棺材，用红木做外椁，调集一大批士兵来挖坟，发动全城男女来挑土。出丧时，要齐国、赵国的使节在前面陪送，鸣锣开道，让韩国、魏国的使节在后面护卫。还要建造一座祠庙，放上牌位，追封它为万户侯。”

优孟采用的说服策略就是委婉地正话反说。优孟因侍从庄王多年，熟知庄王的性情，知道此时的庄王，忠言逆耳的先例是行不通的。优孟从认同、礼颂楚庄王的“贵马”精神的后面烘托出另一种相反的又正是劝谏的真意——讽刺庄王的腐败举动，从而把庄王逼入悬崖，不得不回头，改变自己的决定。在特定的情况下，采用正话反说的方法，会收到出奇制胜的奇效。

委婉的神奇效果有很多——

1. 委婉，能够表达不便直接表达的意思

一说起《水浒传》，人们便会立即想起那心直口快的“直炮筒”鲁智深的形象。其实，即使是最耿直的鲁智深，有时也离不开委婉，说话也有含蓄的时候。电视剧《鲁智深》写鲁智深三拳打死镇关西后，为了逃避官家的追捕，只得削发为僧。剧中有这样一段台词：

法师：“尽形寿，不近色，汝今能持否？”

智深：“能。”

法师：“尽形寿，不沾酒，汝今能持否？”

智深：“能。”

法师：“尽形寿，不杀生，汝今能持否？”

智深：（犹豫深思。）

法师高声催问：“尽形寿，不杀生，汝今能持否？”

智深：“知道了。”

要鲁智深不近女色不饮酒，他绝对做得到。但要他不惩除世间的恶人，难于上青天。但此时若答“不能”则法师肯定不许其剃发为僧，他就无处藏身了，因此来一个灵活应付，回答“知道了”，法师面前过得关，又不违背自己的本意，真是两全其美。

2. 委婉，提升你的人气

佩迈尔被人称为英国历史上传奇式的篮球教练。他带领一支大学篮球队曾获得国内比赛 39 次冠军，使球迷们为之倾倒。可是，他的球队在蝉联 29 次冠军后，遭到一次空前的失败。比赛一结束，记者们蜂拥而至，把他围得水泄不通，问他这位常胜将军失败有何感想。他微笑着，不无委婉也说："好极了，现在我们可以轻装上阵，尽力去争夺冠军了。"

两度总统竞选均败于艾森豪威尔手下的史蒂文森，从未失去委婉，在他第一次荣获提名竞选总统时，他承认自己受宠若惊，并委婉地说："我想得意扬扬不会伤害任何人，也就是说，只要人不吸入这空气的话。"

在他竞选第一次失败的那天早晨，他以充满委婉艺术的口吻，在门口欢迎记者进来："进来吧，来给烤面包验验尸。"几天后，他被邀请在一次餐会上演讲。他在路上因为阅兵行列的经过而被耽搁，到达会场时已迟到了。他表示歉意，解释说："军队的英雄老是挡我的路。"会议得以在欢愉的气氛中圆满结束。

可见，轻松、微妙、巧妙、含蓄的俏皮话，说得委婉，改变了他在人们心目中的一贯形象，使听众感到他并不是一个输的人，而是赢者，使他在人们心目中留下了深刻的印象。

3. 委婉，给人台阶下，给自己面子

在酒席上，王女士发现杨小姐牙齿上在吃菜时留下了菜屑的残渣，看起来很难看。王很想做手势暗示或轻声告诉对方。可在情绪高涨的场合，这可能会让杨小姐难堪。于是，王女士想了一个两全其美的办法。她走到杨小姐面前，拿出化妆镜，假装整理自己的妆容，忽然非常惊奇地说："哎呀，我牙齿上怎么留下菜屑了？来，你也看看，是不是也有？"说完，王女士"随手"将化妆镜递给了杨小姐。杨小姐一照，果然发现了那"不雅"，随即将其拭去。杨小姐很感激地向王女士送去一个善意的微笑。

4. 委婉，能够将一场"暴力"转化为温馨的相处

当妻子看了一件衣服征求丈夫的建议时，丈夫觉得妻子穿这件衣服不太合适，

如果丈夫不尊重体贴妻子的心情，就会直露地批评说：“你看你的审美观好差啊，一把年纪了还穿这么艳丽的衣服，岂不成老妖婆了？”这样生硬、伤和气的话必定会伤害妻子的自尊心。如果丈夫尊重体谅妻子的心情，就会把反对的意见说得委婉得体，给予暗示：“不错，颜色真鲜艳，给女儿穿，效果会更好！”

当你去拜访朋友，主人热情地拿出水果、零食招待你，而你却毫无忌讳说：“不吃，不吃，我没有吃零食的习惯，再说我刚吃完饭，肚子饱得很，哪还有胃口吃这些东西。”这样不仅让人扫兴，而且还伤了主人的自尊心。你应该体谅到主人的一片热情和好客，委婉地说：“谢谢，谢谢！多新鲜的水果，多好吃的糖，只可惜刚吃完饭，没有地方放了，太遗憾了！”

5. 委婉，掩护自己的好盾牌

某厂一位个工人尚恺，将申请住房报告交给厂领导。该领导看后，阴阳怪调地对尚恺说：“这报告难道是你自己写的？”很清楚，这位领导的话里藏着这样一根“刺”：“你的水平不够，报告肯定写不出来。”这无疑是对尚恺的一种轻视，可尚恺并没有生气，只是轻轻地这样回敬道：“我真羡慕你那么有福气，你的报告反正有人代你写。你能给我配一个写报告的秘书实在是我三生有幸啊，我感激不尽！”顿时，他让这位作报告靠念稿子的领导无地自容。

6. 委婉，春风袭来，给人希望的光芒

如医生给人看病，遇到病情较严重而又诊治误时的病人，就直言道：“你怎么这么瘦哇！脸色也很难看！”“你知道你的病已经到了什么地步了吗？”“哎呀！你是怎么搞的？你这个病为什么不早来看哪！”这些说法里所包含的打击作用会使病人怎么想呢？作为医生这是治病还是致病呢？

相反，如果换一种委婉的说法，医生说：“幸好你及时来看病，只要你按时吃药，多注意休息，放下思想负担，相信你很快就会好起来的。”这将给病人很大的信心。

7. 委婉，不经意地给你惊喜

艾玛是一家公司的接待员。工作时，她要不停地应付客户，接电话，做记录，

在职员和经理之间传达信息。一天，一位颇为傲慢骄横的人打来电话说："我要和你们的经理说话！"电话中出现没有商量的口气。可经理曾经交代过艾玛传达电话一定要告诉他对方的姓名。于是，艾玛很和气地问道："我能否告诉我们经理是谁来的电话吗？"而那个人竟毫不客气地嚷道："快给我叫你们的经理，我要立即和他说话！"艾玛如果不能将对方的姓名告诉经理，经理肯定要埋怨她的。怎么办？她略微思索后，依旧用柔和的口气说："很抱歉，我看我们经理真不该花钱来雇我接电话，因为八次电话有七次都是直接找他的，而我还无法告诉他找他的人是谁。"对方感到颇为尴尬，便只好把自己的姓名和电话号码告诉了艾玛。艾玛通过"自责"和"自怨"的形式，委婉地说服了对方。

自从崔永元在中央电视台推出"实话实说"节目以来，这句话一时广为流传，传遍了大江南北，流行于长城内外，一下子就被人们所消化了。这正是针对说假话、大话、空话、废话的时弊，像吹来的一股清风，沁人心脾。因此它不仅成了人们的共同话语，而且成了人们的共同愿望，常挂在嘴边，如果写在文字里的话，那么就会成为当红的时尚经典和时髦的词。

实话实说，大家都很拥护。但是时下人际关系极为复杂，社会环境并不单纯，每个人的素质和修养，更是千差万别，仅有实话实说还不够，应该在它的后面加上"实话巧说"才更为完备。因为说实话要讲究艺术技巧和方式战略，顾及影响，追求效果，否则，会使得其反。说句实话，假如不加分析和选择，不看时间、地点、场合，即便是出于善意，但有时还会语出伤人，从而结下怨气，最终收不到应有的效果。

所以，要想有个好的人缘，委婉的说法是一座必不可少的桥梁，有人以"心直口快"为美德，其实，"心直"固然可嘉，但"口快"却未必值得学习，如果我们加以区别各种情况，该真说的时候真说，该委婉的时候也别羞于委婉，那生活中的烦恼就会少很多，你也会在轻松愉快中处理好你的人缘。

非语言沟通

人们在沟通时，往往忽视了非语言的重要性。非语言沟通在沟通过程中是重要的，人际沟通中 65% 的社会意义由非语言信息来传递。而作为一名沟通高手，他不仅要熟练地运用语言沟通技巧，而且还要懂得得心应手地运用非语言沟通技巧。

形体是一种无声的语言。有时形体语言在交际中比有声语言更具吸引力，二者才能相辅相成，把出众的口才和不凡的举动联合起来，更会给人留下深刻的印象。也许只是一个眼神、一次握手、一个微笑，都能起到“此时无声胜有声”的效果，使双方的情感得到真正的沟通。而在这沟通的过程中，发生着一系列感情因素的变化，并且通过各种方式表现出来，而人的形体语言的表达是最佳选择。

这里采用“形体”一词，是就广泛的意义而言的。它不仅指身体的移动，而且任何表情、情绪都包括在内。如紧张表现为脸红、脸部的肌肉收缩、不知所措等现象。这些都是非文字沟通的方式。一位名叫哈里斯的心理医生曾经分析过五十多种不同姿势和非文字沟通的表情，包括身体的变动、脸部表情、姿态和各种惯用语等。假如你遇见一位漂亮的女性，身材优美，面容清秀，穿着时髦的衣服，她会希望你给予某种方式的赞美。假如没有，她会觉得自尊受到了伤害，但假如你死死地盯着她，并显示出你特别注意她低胸的装扮，你就是窥探她，侵犯了她，她会觉得有些恶心，并且认为你是个流氓。

说话时不平视别人，而把头昂得高高的，这种待人的态度多半粗鲁或傲慢。这样的姿态将会使对方有低人一等的感觉，甚至会使人认为“你是不是看不起我”？虽然他本质上并不带有藐视的意味，但这种类型的人与人办事很少成功。

还有自上向下看着对方，或过于缩着下巴说话，也是很不合适的姿势，应尽力避免。而且当你采取这种姿势时，对方为了要看清你的表情，极有可能将眼珠上翻而视，如此的眼神似乎带有诡异、怀疑等探查的意味，也是相当令人感觉不愉快的姿势。另外，斜视他人也不会给人留下良好的印象。

通常当我们在倾听对方说话而深有感触时，往往会很自然地双手交叉于胸前。然而若在对方刚开始进行谈话时，便采取这样的姿势，便是反感或不善的含义了。

这些非语言的沟通千万不能忽视，一失足成千古恨啊！

非语言沟通是被多重意义包围的。文字与我们的接触是一个一个的文字，并通过某种载体出现。我们听到口语、看到书写或印刷的文字。然而，非语言线索则可以被看到、听到、感觉到、闻到或者是尝到，而且这些都有可能一起发生。如果你告诉一位朋友：“求助你一臂之力。”朋友所收到信息的含义有赖于你的语言和语调、面部表情与形态。

文字信息不一定都能传达一个人情感的深度，非语言信息则可以做到。例如，当你听到一位密友泄露你私下和他讨论的个人隐私，你的肢体将会显现愤怒的非语言信息，即使你说：“这没什么。”当某事使你觉得好笑时，你可能会微笑或大声笑，这些全赖于你的知觉体会。当你伤心时，你的嘴角会下垂，即使你的话里没有传递出伤心的信息，眼睛也会噙满泪水。当语言和非语言的反应矛盾时，人们比较会受非语言线索的影响。

所以我们必须重新对待非语言沟通，让它畅通无阻为你效力，因为：

1. 姿态语言，表达心声

姿态语言是指通过坐、立等身体变化来表达语言或非语言信息的“身体语言”，而在通常情况下，人们在各种场合的姿态都是一种无意识状态下的一种心理表现，但也不否认某种时段用特殊的身体语言来表达语言难以表达的意思。

人们在社交谈话中所采取的姿势一般也就两种：站立和坐着。

站立交谈，首先必须有比较好的站相，既不要呆板，又不能太过随便。

其次，有的人在别人接近他的敏感部位时，会产生本能的紧迫感。而人的心脏是在左侧的，所以在站立的交谈中，你应该尽可能地站在对方的左边，这样就容易掌握主动权、控制局势。

此外，若是与比较熟悉、关系亲密的人站着交谈时，可适当地用手轻轻拍打对方的肩或背部，这样容易产生亲近感，同时，也会让对方消除紧张感。

站着说话一般不会太久，所以站立交谈时要有站相，站要站正，别摇来晃去，斜肩弓背，影响自己的形象。

坐椅子的正确姿势应该是：身体上半身稍微向前倾；背部勿靠住椅背；手要端正地放在腿上；臀部要坐满椅面；坐着时鞋跟要并拢。如果面对面谈话时，身体稍倾斜而坐；双膝间的距离约为一个拳头。

所以，坐着慢慢谈话时，要坐稳，别摇摆不定，别晃动你的脚，好像不耐烦的样子。

2. 目光传神，会说话

眼睛，是心灵的窗户。从别人的眼神中可以观察到他们的内心活动，用来作为调整自己谈话内容和方式的根据。

当与别人交谈得很兴奋时，他的眼神会闪闪发光；

当别人觉得谈话平淡无味时，他的眼神会呆滞黯然；

当别人不是一心一意时，他的眼神会显得飘忽不定；

当别人听得没有耐心时，他的眼神会显示出心不在焉；

当别人沉思时，他的眼神会显出铿锵有力。

所以在和别人沟通时，一定要学会看别人的眼睛说话。

3. 微笑，魅力无穷

关于微笑的价值我们前面讲过，这里也就不用过多的言语修饰了，你可以自己去尝试一下微笑带给你的无穷生趣。

4. 手势语言，意蕴丰富

在人际交往中握手是一种重要的常用礼节。然而，握手所起的传情达意却比一般礼节性要求的内容更丰富、深沉。如果手势与标准姿态有异，则要研究其握手礼节之外的外延含义。握手既轻且短暂，被认为是冷淡、不热情的表示；紧紧相握、用力过重，是热情诚恳的表示，或有所期待的反映；力度平衡适中，说明情绪稳定；握手时拇指向下弯，又不把另四指伸直，表明不愿让对方完全握住自己的手，是对对方的一种轻视；握手时手指微向内曲，掌心稍呈凹陷，是诚恳、虚心、亲切的体现；用两只手握住对方的一只手，并左右轻轻摇动，是热情、欢迎、感谢的象征；一触到对方的手立即放开，是冷淡和不愿合作的反映。

人体是一个信息发射站，人与人接触时，除了用有声语言沟通外，无时无刻不运用动作、表情、姿态、手势来传情达意，而这些身体语言多半是人们潜意识的再现。就如蜜蜂的飞舞所表示的含义一样，人类的体态也无形中泄漏着个人的内心波动。

一个人的一举一动、一言一行都是展现给人看的，因此姿态、举止的表现方式首先应顾及他人，即是否有礼貌，是否对他人敬重。有许多人认为不拘小节是潇洒的表现，其实不然，不拘小节是一种过于随便的行为，严格一点说，是狂妄自大的自私行为，是缺少素质教养的表现。

一个人的姿态、举止又和他的风度联系着。“宰相肚里能撑船”，这是一种豁达的政治家风度；苏东坡咏叹的“羽扇纶巾”“雄姿英发”，是孔明、周瑜一类智勇双全的谋士的风度。

一个人的姿态举止不单纯是在某种场合硬装出来的，而是在日常生活中积累的结果。

第7章

赢在第一策略：瞬间让你的气场更给力

三杯酒量，不熟也能混熟

酒，已经成了现代人际交往必不可少的工具，时不时会给你的这块肥沃的人际关系土地增添香醇的韵味，让你回味无穷。所以说，如果现代的人不能喝三杯酒，那注定了你要多走些弯曲，或者曲径通幽或者死胡同，所以现在的你不得不承认酒的威力，那你还犹豫什么？

有了酒量，不等于万事俱备，如果你再学会一些喝酒、敬酒的艺术那一定是马到成功，你的人际关系就会更广更宽，那你的前程就会更加远大。

喝酒的时候少不了彼此的敬酒。敬酒也就是祝酒，指在正式宴会上，由男主人向来宾提议，提出某个事由而饮酒。在饮酒时，通常要讲一些祝福类的话，甚至主人和主宾还要宣读一篇专门的祝酒词，祝酒词的内容越短越好。

敬酒可以随时在饮酒的过程中举行。要是致正式祝酒词，就应在特定的时间进行，且不要影响来宾的用餐。祝酒词适合在宾主入座后、用餐间开始，也可以在吃过主菜后，甜品上桌前发表。

在饮酒特别是祝酒、敬酒时进行干杯，需要有人率先提议，可以是主人、主宾，也可以是在场的所有人。提议干杯时，应起身站立，右手端起酒杯，或者用右手拿起酒杯后，再以左手托扶杯底，面带微笑，目视其他特别是自己的祝酒对象，嘴里同时说着祝愿的话。

有人提议干杯后，要手拿酒杯起身站立。即使是滴酒不沾，也要拿起杯子做做形式。将酒杯举到眼睛高度，说完“干杯”后，将酒一饮而尽或适可而止。然后，还要手拿酒杯和提议者对视一下，这个过程就算结束了。

在中餐里，干杯前，可以象征性地和对方碰一下酒杯；碰杯的时候，应该让自己的酒杯低于对方的酒杯，表示你的礼貌。用酒杯杯底轻碰桌面，也可以表示和对方碰杯。当离对方比较远，就可以用这种方式取代。如果主人亲自敬酒干杯后，要求回敬主人，和他再干一杯。

一般情况下，敬酒应以辈分大小、职位高低、宾主身份为先后顺序，一定要充分考虑好敬酒的顺序，分清主次。即使和不熟悉的人在一起喝酒，也要先打听一下身份或是留意别人对他的称呼，避免出现难堪。如果你有求于席上的某位客人，对他自然要备加敬重。但如果在场有更高身份或年长的人，就要先给尊长者敬酒。

在正式的宴会上，服务员打开酒瓶后，先要倒上一点给主人品尝。主人应先饮一小口仔细品评，然后再尝一口，感到所有的酒完全合乎要求时，再向服务员示意：可以给客人斟酒了。斟酒的顺序是：先主宾，随后再给其他人。

会喝酒的人饮酒前，应有礼貌地品一下酒。可以先欣赏一下酒的色彩，闻一闻酒香。最好不要一边饮酒，一边吸烟。

鉴于酒后容易失言和失礼，社交场合饮酒的量应控制在自己平日酒量的一半以下。有教养的人还应注意饮酒时不会让他人听到自己吞咽之声，斟酒只宜八成满。

在酒宴席上，没有不碰杯的时候。碰杯不仅是礼仪，也是渲染气氛、劝人喝酒的形式。劝酒体现了主人的好客，所以劝酒宁可过一点也无妨。有些人自己不爱喝酒，觉得喝多了没有好处，因此席间劝酒有顾虑，担心让人家喝多了似乎不怀好意。其实，劝酒是件热闹事，劝酒时要劝到点子上，有叫得响的理由，说得对方高兴了，喝两杯也顺心。但注意劝酒与喝酒不是对等的。作为主人，一定要尽东道主之谊，热情相劝，至于客人喝不喝，喝多少并不重要，不必较真，请对方自便。

席上劝酒要热情，但以少喝为佳，不论主客都一样。不劝不热闹，但劝就喝，喝多了也不好。劝酒人不知道你的酒量，你自己应该清楚。不管对方如何劝，自己要把握。

而在吃西餐时，为表示友好，活跃气氛，可相互敬酒，或碰杯。通常不能拒绝对方的敬酒，在对方敬酒时，一定要热情，即便你不能喝酒，也要端起酒杯回敬对方，为表示热情要与对方碰一下杯，然后把杯子送到嘴边表示喝的动作。不可用双手比画说自己不会喝或不能喝，酒动也不动，这是一种没有礼貌的行为。

所以，在酒桌上我们一定要了解西方人的习性，千万不可拿自己的主张去左右客人，否则，一招走错，全盘皆输。

留下电话，聊聊你我他

在日常生活里，被誉为“顺风耳”的电话早已成了现代人重要的、不可缺少的交际工具之一。即便在所有的现代联络手段中，它也不容置疑地位居排行榜之首。对于电话的好处，人们通常都心中有数。运用电话，不但可以及时、准确地向外界传递信息，而且还能够借以与交往对象沟通感情、维持友谊。在“信息就是资本”“联络创造效益”的今天，人们的生活之中要是没有了电话会成为什么样子，简直难以设想。有一位科学家曾经说：“一个不会正确地利用电话的人，难说他是一个符合现代社会需要的人。至少，他算不上是一个具有现代意识的人。”就电话的重要作用而言，他的上述观点绝非恐吓我们。

正确地利用电话，并不是每一个会打电话的人都能做得到的。要正确地利用电话，不只是要熟练地掌握使用电话的技巧，更重要的，是要自觉塑造并维护自己的“电话形象”。

电话形象的含意是：人们在使用电话时的种种表现。因为它是内在的反映，所以会使通话对象“如见其人”，能够给对方以及其他在场的人留下良好的、深刻的印象。一般认为，一个人的电话形象如何，主要由他使用电话时的语言、内容、态度、举止以及时间感等诸多方面构成。人们一般把它看作个人形象的重要组成部分。

在人际交往中，我们应利用电话主动与人联系。

建立“关系”最基本的原则就是：不要与人失去联络，不要等到有事情时才想到别人。“关系”就像一把刀，常常磨才不会生锈。若是半年以上不联系，你就可能已经失去这位朋友了。

因此，主动联系就显得十分重要。试着每天打 5 到 10 个电话，不但能扩大自己的交际范围，还能维系旧情谊。如果一天打通 10 个电话，一个星期就有 50 个，一个月下来，就可到达 200 个。平均一下，你的人际网络每个月大概都可多十几个。

古人有“与君一席话，胜读十年书”的佳句。一次有益的聊天，有时会产生相见恨晚的感觉。

但是，聊天要聊出名堂、确有收获，还得费点心思。必须注意下面几点：

1. 有的放矢

一般来说，聊天没有什么明确的目的。但从微观角度来讲，闲聊未必就是聊“闲”，而是有信息和情感交流。带有一定的目的，你就能及时而又恰到好处地发问，调节聊天的内容。

2. 选好对象

聊天要做到格调高雅，聊得有水平，善于选择聊友是重要的一环。一般来说，聊友的素质决定了聊天的质量。德国作家歌德，几十年如一日，与其秘书爱克曼每天都要聊会儿天，那些天才的机智许多是从闲聊话语中诞生的。他嘲弄世俗，讥讽丑恶，以喷珠吐玉般的格言缀串成令后世惊叹不已的《歌德谈话录》。

3. 接听电话

电话铃一响，应尽快接听电话，而不要置若罔闻，或有意延误时间，让对方久等。拖延时间不仅失礼，有时还会误事。

电话铃响之际，如果自己正与同事或客人交谈，可先与同事或客人打个招呼，再去接电话。拿起听筒后，先说“您好”，接着自报家门。听电话时应聚精会神，可以不时地“嗯”一声，或说“好”等，以表明自己正在倾听而不是心不在焉。不要在听电话时与身边的熟人打招呼，或小声谈论别的事情。

如果在会晤重要客人或举行会议期间有人打来电话，而且此刻的确不宜与其深谈，可向其略微说明原因，表示歉意，并再约一个具体时间，到时由自己主动打电话过去。若对方是长途的话，尤须注意别让对方再打过来。约好了时间，即须牢记并信守。在下次通话时，还要再次向对方致以歉意。

4. 倾听很重要

倾听是理解对方的起点，善于倾听正是判断的基础。尤其是在电话交谈中，双方靠声音传递信息，倘若不认真听，就无法准确地交流信息、沟通感情。当然，静静地倾听，不随便打断对方讲话，并不意味着完全沉默。在听的时候，应时而辅助简单的“嗯”“是”“好的”等短语作为呼应，让对方感觉你确实在认真听着，以示尊重。

5. 文明不可丢

发话人在拨打电话时，在举止方面，应严格要求。不论是单独还是当众，这方面都要严于律已，不可视为儿戏。

发话人的表现如何，直接决定你的电话礼仪怎样。可以说，它是电话礼仪的最基本内容之一，万不可掉以轻心。所以这要求发话人在通话过程中，自始至终，都要待人以礼，表现得文明大度，要做个谦谦君子、翩翩绅士，这样才算尊重自己的通话对象。

发话人在通话时，除举止要“达标”外，在态度方面也要好自为之，不可草率。

对于受话人，即使是对下级，也不要厉声呵斥，态度粗蛮无理；即使是对领导，也不要低声下气，阿谀奉承。

电话若需要总机接转，勿忘对接线员（也称话务员）问候一声，并且还要加上“谢谢”。另外，“请”“麻烦”“劳驾”之类的词，该用的也一定要用。

谁都知道，随着生活节奏、工作效率的加快提高，电话已成为彼此联系感情和信息的重要工具。它具有传递迅速、使用方便、失真度小和效率高的优点，人们的许多交际活动都是借助电话来完成的。

电话是一种非常奇特的沟通工具，是带来佳音的天使，也是送出噩耗的魔怪，能给你以惊讶，还能给你绝望，从严酷的个人批判到充满梦幻的爱语，由电话来传达的内容实在太广泛了。

从现在起，我们一定要注重电话在积累人际关系中的作用！

适时适地适话题

人们交友，都是由生到熟，由远到近，由疏到亲，从而发展出一个至数个知己。有朋友而无知己，等于没有朋友，至少没有真正的朋友。所有朋友都是重要的，而知己则更为重要。“打仗”有朋友，“上阵”靠知己。

要交友，要交成知己，首先就须注意和把握交往的时间与场所。换句话说，什么时间什么地方说什么话。

在人们的日常交往中，无非有这么几个场合：家庭、办公室、公共场所。要想有个好的朋友圈，那这三个场合的功能效应你便不可忽视，否则你损失的不只是朋友、爱人……如果你把握好每个场合说话的分寸、表现的尺度，那人缘自会主动找上门来!

交友的场所，就关系远近来说，是愈亲近的关系来往的场所愈私人化。其中，最能证明问题的是我们再熟悉不过的家。

有些人家中常有客人来访，有些人却是除非有相当重要的事，否则不会有客人来访。前者不用说肯定人缘极广，后者则是人缘不佳。现代人都是白天为了工作奔波，要拜访朋友只能利用晚上，而且还得在不打扰对方的原则之下。于是，假日、逢年过节就是朋友互相往来拜访的最佳时机。如果连这些日子都没有访客来访，这个人的家里恐怕会冷清得如地狱一般。

家庭是提升交际技巧的最后王牌。与朋友交往可以增进生活的幸福，朋友可以说是自己的贵人。聪明的现代人，岂有不把自己的贵人迎入家中的道理。

场合有了，但是没有时机也是不行的。

一个人说话的内容不论如何精彩，如果时机掌握不好，就无法达到说话的效果。因为听者的内心，往往随着时间变化而变化。要对方愿意听你的话，或者接受你的观点，就应当选择适当的时机。

这犹如一个参赛的足球运动员，虽有良好的技艺、强健的体魄，但是他没有把握住击球的“决定性的瞬间”，或早或迟，脚就落空了。

所以，时机对你非常宝贵。但何时才是这“决定性的瞬间”，怎样才能判定并咬住，并没有一定的规则，主要是看对话时的具体情境，就要靠你的经验和感觉而定。

场合、时机只是交友的两个客观因素，起决定作用的要属主观因素了，也就是你说话的水平如何。

与陌生人说话是要讲究水平的。那么这个“水平”主要表现在哪些方面呢？一是说话不到位不行，说不到位，说不到点子上，别人可能听不明白，理解不透，琢磨不出你的真实意图，你提出的想法或要求也不会被人重视和接受，非但事情办不成，也常常被人看不起。这样怎么能换取别人的注意与亲善呢？又怎么能赢得别人的友谊和器重呢？二是话说得太过头不行，要求太高，言辞太尖刻，让人听了不顺耳，觉得你不识大体，不懂规矩，不知好歹。这样的人常常被人避而远之，也同样无法与人正常交往。讲究分寸是一种很重要的说话艺术，说话是否有分寸，与我们交际成败有着很大的关系。

说话分寸的把握是关乎一个人成败的问题，过高或过低都可能会起相反的作用。

朋友圈的“性效应”

大自然中存在这么一个自然法则：“同性相斥，异性相吸。”没错，因为你往往看到的是两头公狮子在为了一头母狮子而血战，从没有见过，两头公狮子能一世和睦相处。自然规律我们是无法改变的，但聪明的人类可以去利用它。而造物主正是合了自然的心意，使天地间有了男人和女人之分。他们之间有一种无形的磁场，彼此吸引着对方，包括爱恋，但也有友谊，而女人和女人之间、男人和男人之间经常是反目成仇，缺少应有的沟通，但我们不排除女人和女人、男人和男人之间的知己、朋友关系。

所以，要想有更多的朋友，你不妨利用天生的资本，如果你是女人，那不妨多交一些男性朋友，他们在你为难之时往往是最有力的支撑；如果你是男人，也不妨多交一些女性朋友，那你身边的温暖就会多些、持久些。

青年男女要想与异性交往默契，的确需要将心理、社交、口才等知识技巧融于一体。然而许多人与刚认识的异性交往时，羞怯、紧张、局促、不知所措，简直让人惶惶不可终日，连挤两句应酬话也备觉生涩，平日的伶牙俐齿、妙语连珠也不知溜到哪里去了。其实，与异性沟通最关键的原则只有两条：一是采取肯定和亲切的态度，不要轻易向异性说“不”，因为这样较容易伤害对方的自尊心；二是要显得自信，不要一接触异性就显得慌乱，不能坦然相处。当然，异性沟通时的相互尊重是必不可少的，否则将会带来不必要的冲突。

在一男一女的社交场合中，男性常常想表现出举止潇洒、气度不凡、才华横溢、谈吐高雅、妙语连珠，这样很容易引起女性的注意，产生一种在一些小事上愿意向女性做出让步，在非原则的事情上给予帮助的心理。当然，男性在这种社交场合中，想取悦对方从而得点好处常常不是本意，而是一种潜在的心理意识。所以，当男人与女人单独交往时，沉默寡言的男人会表现得妙语连珠、滔滔不绝；胆小懦弱的男性会变得勇猛异常；粗俗野蛮的男人会变得儒雅温柔。在这种场合中，女性常常想表现出自己的美丽脱俗、温存柔弱、贤淑高雅，想给对方一个好印象，让他从内心深处产生一种愿意为自己效劳，甚至将给自己的帮助视为一种荣幸。因此不论多邋遢的女性，当意识到自己将要与一个男性打交道时，常常有意无意地打扮一下，如：拢拢头发，拽拽衣襟，掸一下身上的灰尘（不管有没有）。大多数女性在交往前还要照照镜子，若看到自己服饰得体、楚楚动人，很有魅力，便会信心加倍。所以一般说来，这种交往会使事情办得顺一些。这种异性之间在交往中表现出的超出正常的热情，由此促进事情的成功，便是交往中的异性效应中的正效应。

交往中的性效应常常不像文中所官的那样直露，甚至有时效应恰恰相反。如：一位男人在择偶中屡受挫折，他可能对女性有种讨厌的心，所以在他与异性交往中便不会产生异性效应的正效应，甚至还会产生负效应。又如：一位女性受过男性的欺骗，她也会憎恨所有的男人，甚至对越是有风度、越有能力的男人，这种负效应就越大。浩天因为一篇市场调查报告，需要找机要室李敏小姐查看有关资料，可他见李敏小姐满脸肃穆，不禁心虚了。稍定后，浩天与她攀谈起来："李敏小姐每天倒挺忙的啊！""对！""你操作微机如此熟练，有些资历了吧？""不长！"几个回合下来，李敏始终吝于作答。于是浩天改变谈话策略，"听办公室主任讲，我们单位有两个天使最有名，你猜是谁？""不知道！"李敏依然简单作答。"好，我告诉你，一个公关天使春礼，另一个就是你呀！"浩天边说边放慢谈话速度。"他们叫我什么天使？"李敏问。浩天见李敏的笑容终于绽放起来，故意顿了顿说："叫你冷艳天使啊！""简直胡说八道。浩天你看我像不像？其实……"李敏的话匣子终于打开了。浩天面对冷若冰霜的李敏，在交谈近乎陷入僵局的情况下，抓住李敏"冷艳"这个弱点，假借第三者的谈话进行出击，给了李敏内心尊严致命一击。她为了维护自尊连珠炮似的向浩天辩驳，并表明自己的热情、温柔和善良，从而在彼此的谈话中形成了一个和谐、愉快的氛围。

浩天很聪明，他把"性效应"的积极方面都发挥了出来，很好地帮自己打了圆场，而且还交了一个朋友。

有位追求女孩子颇有体会的人曾经这样说过：“追求女人，如果让她看穿你的生活，就完蛋了。”他的意思其实是说，保持部分的秘密，才能迷惑异性的心。虽然这位小伙子不是什么感情专家、恋爱顾问，但是他这番话也有几分道理。

一般而言，如果有人对你敞开心扉、十分坦白，多数人都会对对方产生好感，从心理学来说，这便是“自我开放”。但是异性之间，有些事情是不一样的。当然，将自己释放到某种程度，是两人要交往时相当重要的条件，如果将自己所有的一切百分之百地完全暴露在对方面前，就有可能会带来负面效果。因此，想要让人喜欢，请将自己开放百分之八十的程度就好，剩下的百分之二十保密。

适度地保持神秘感，反而能提高对方的兴趣，让对方感到好奇，激起对方希望更了解你的决心，这样大多可以进一步引起异性的好感。

要想有个好的人际“性效应”，必须用心地呵护，含而不露，有所保留，有所释放，张弛有余，这才是人际交往的高手！总而言之，交往中性效应是普遍存在的。在日常交往中，只有注意和了解这种效应的存在，克服其负效应，利用正效应，才能有利于交往的顺利进行。

人与人之间的“弹性原则”

大家可能都明白，松软、富于弹性的东西可以避免或减轻物体之间的碰撞或挤压。人际交往也是一样的道理。交际如果带上了一定的“弹性”，就可以缓冲彼此的矛盾，消除相互之间的误会，还给自己留下了慎重考虑、再做选择的空间，从而更好地达到交际的目的。

我们在这里所讲的“弹性”是指不同人要有不同交际策略，不能千篇一律。

1. 和初次见面的人交往

因为是初交，彼此不怎么了解，心灵尚未沟通，如果过早地亲密，则很容易让人产生交际动机不纯或交际态度轻薄的看法。

生活中有许多人和别人打交道时总是“见面熟”，使人难以接受，其真诚程度往往大大地打了折扣。相反，如果在初次交往时过于冷淡，又易使人产生目中无人或深不可测、老谋深算的感觉，使人敬而远之。一般来讲，许多人不愿与过于“老成”的人交往，因为和这类人交往总得带着警惕的心理，以防被对方捉弄。所以，在初次与别人交往时，应通过逐步地接触，视了解的程度和可不可交的情况来确定交往的深度和关系的疏密。那种急于求成、匆匆结友的做法，恐怕有点失之慎重。日常交际实践中，由于缺乏必要的了解就盲目走到一起的人常常受骗上当，以致酿成终身之憾。尤其是青年男女，在相互不了解彼此的性格、爱好、志向的情况下匆匆成婚而酿成悲剧者，大有人在。当然，因过于谨慎、过于冷漠而失去交友的良机，也是让人遗憾的事情。在初次交往时最聪明的做法是让你的交往带上“弹性”，有伸缩自由的余地，这样就既能把握住良机，又能慎重、良好地来进行交往。

2. 在特定语境下的交往

人们进行交往时总离不开语言。有些特定语境使人们在言语交际中不可把话说得太肯定、太绝对，而应该灵活多变，可上可下，可宽可窄，伸缩自如，这也需要在言语交际中带上一定的“弹性”。这样，有利于自己掌握交往的主动权。在交往中时常会遇到这种情况，比如别人要你对某事谈谈想法。而一时又没有完全的把握，你不如利用不确定性词汇，“也许，或许、可能、大概”等来表述你的想法。为自己留下回旋的余地。尤其是在复杂多变的情况下，如此表态有滴水不漏之功效。另外，也可以利用一些词语的宽泛性和模糊性使话语带上弹性，比如某男女相爱，别人问男方对女方有何印象时，男方如果不愿真情表白（这种情况多出于保密或性格内向等情况），不妨可以说：“我对你总的印象是深刻的。”这里，“印象”一词语义宽泛而模糊，“深刻”也没有什么量的明确标准，这样便使自己的态度带上了“弹性”，为日后进一步交往留下了选择的空间。

有个“能人”，朋友无数，三教九流都有，他也曾逢人夸耀，说他朋友之多，天下第一。后来有人问他，朋友这么多，都能一视同仁地对待吗?

他沉思了一下说：“当然不可以一视同仁，要分等级的！”

他说他交朋友都是诚心的，不会利用朋友，也不会欺骗朋友，但别人来和他做朋友却不能肯定是诚心的。在他的朋友中，人格高尚的朋友固然很多，但想从他身上获取一点好处，心存二意的朋友当然也不少。

“对方有恶意，不够诚恳的朋友，我总不能也对他推心置腹吧！”这位“能人”说，“那只会害了我自己。”

他就是根据这些等级来弹性地决定和不同朋友来往的密切程度和自己打开心扉的程度。

另外，也要根据对方的特性，有弹性地调整和他们交往的方式。但有一个前提必须记住，不管对方能耐多大或多有钱，一定要是个正直的“君子”才可深交，也就是说，对方和你做朋友的动机必须是没有什么其他目的的，不过一般人经常被对方的身份和背景所迷惑，结果常把别有用心的人也当成了好人，这是很多人无法避免的错误。

所以，交友一定要把握好弹性的度！

第4章

建立朋友圈的基础：让别人喜欢你

宽容和谦让

实践证明，宽以待人的习惯是成就事业的前提与保障。反之，一个以敌视的眼光看人，对周围的人戒备森严，随时留心眼儿，处处提防，不能宽大为怀的人，必然会因孤独而陷于忧郁和痛苦之中，一个宽宏大量、与人为善、谦让待人，能主动为他人着想，肯关心和帮助别人的人，肯定讨人喜欢，容易被人接纳、受人尊重、魅力无限，因而能更多地体验成功的喜悦。

宽以待人，就是在交际交往中有较强的相容度。相容就是宽厚、容忍、心胸宽广、忍耐性强。人们往往把宽广的胸怀比作大海，能广纳百川之细流，从来没有把暴雨拒之门外，也有人把忍耐性比作弹簧，具有能伸能屈的韧性。有人说过这样一句话：“谁若想在前进得到援助，就应在平时待人以宽。”就是说，相容能接纳、团结更多的人，有难同当、有福共享，进而增加成功的力量，创造更多的成功典范。反之，相容度低，则会使人疏远，减少合作的力量，人为地增加成功的阻力。

一个人若能对别人宽容谦让，在生活中养成将心比心、推己及人的做事习惯，那这样的人，肯定是受人尊敬和欢迎的。“己欲立而立人，己欲达而达人；己所不欲，勿施于人。”

在一些小心眼的概念里，别人就是别人，我就是我，没有任何关系，然后，宽以待人已是善待自己，正如一句话所说：“原谅别人，才能释放自己。”借着宽恕，你释放了心牢里的犯人，而那个犯人，可能就是你自己。一旦你能舍得过去的一切，是福也好，是祸也好，让它们如烟消云散般飞去，原谅一切，你的概念将会为你打开新局面。

芝加哥人茅谭在林肯竞选总统期间频频提出尖刻批评。林肯当选之后，为芝加哥人茅谭在大饭店举行了一个欢迎会。林肯看见茅谭正要通过走道，虽然他曾大声辱骂过林肯，林肯却仍然很有风度地说："你不该站在那儿，你应该过来和我站在一起。"

每个在欢迎会上的人都亲眼看到了林肯赋予茅谭的荣耀，也正因为此，茅谭成为林肯最忠诚、最热心的支持者。

这就是伟人的气量，他之所以能胜常人一筹，宽容、谦让待人是他必胜的筹码。

林肯在组织内阁时，所选任的阁员各有不同的个性：有勇于任事、屡建勋绩的军人史泰顿；有严肃的修华法；有理性善思的萨斯；有坚定不移的康迈伦，但林肯却能与各个性格绝对不同的阁员相互合作。其实就是因为林肯有宽宏的度量，能舍己从人，乐于与人为善，尤其是史泰顿，那种倔强的态度，如在常人，几乎不能容忍，而林肯却做出了巨大的牺牲——宽容待他，使得他驾驭阁员指挥自如，使每个阁员都能为国效忠。

伟大的领导者是一个团体的核心、一个组织的支撑，但也不能忽视次要的因素，没有其他人的鼎力相助，光靠一个领导人就算他再"超常"也难以支撑一个国家、一个民族的生存与发展。

美国第三任总统杰弗逊与第二任总统亚当斯从反目为仇、恶言以对到宽容友好相处是一个生动的例子。

杰弗逊在就任前夕，到白宫去想告诉亚当斯说，他希望针锋相对的竞选活动并没有破坏他们之间的友谊。但据说杰弗逊还未来得及开口，亚当斯便咆哮起来："是你把我赶走的！是你把我赶走的！"从此两人形同陌路，直到后来杰弗逊的几个邻居去探访亚当斯，这个坚强的老人仍在诉说那件难堪的事，但接着毫无遮掩地说出："我一直都喜欢杰弗逊，现在仍然喜欢他。"邻居把这话传给了杰弗逊，杰弗逊便请了一个彼此皆熟悉的朋友传话，让亚当斯也知道他的深重友情。后来，亚当斯回了一封信给他，两人从此开始了美国历史上最伟大的书信往来。这个例子告诉我们，宽容是一种可贵的精神，体现了高尚的人格。

宽容意味着理解和通融，是融合人际关系的催化剂，是友谊之桥的紧固剂。宽容还能将敌意化解为友谊。

是啊，口袋里装满了宽容，就会与人方便，与人方便就是与己方便，成功路上的坎坷也就会少一点。而事实上，很多人往往因为一点小小的利益与别人发生矛盾，甚至大打出手，不仅良好的人际关系破坏了，也影响后来的事业。所以，每个人都要时时记住这句话，无论是在日常生活中，还是在工作岗位上，宽以待人，不懈地履行这个信条，对自己的未来是一定会有所帮助的。

英格丽·褒曼在获得了两届奥斯卡最佳女主角奖后，又因在《东方快车谋杀案》中的精湛的演技获得最佳女配角奖。然而，她领奖时，没有对自己的成绩多加夸奖与认可，而是一再称赞与她角逐最佳女配角奖的弗沦汀娜·克蒂斯，认为真正获奖的应该是这位落选者，并由衷地说："原谅我，弗沦汀娜，我事先并没有打算获奖。"褒曼作为获奖者，没有喋喋不休地叙述自己今天的荣誉，而是对自己的对手推崇备至，极力维护了对手落选的面子而且认可了对手的表现。无论谁是这个对手，都会十分感激褒曼，会认定她是倾心的朋友。一个人能在获得荣誉的时刻，如此善待竞争对手，如此与伙伴贴心，实在是一种文明典雅的风范。

为了维护良好的人际关系，你的一言一行都要为对方的感受着想，学会安抚对方的心灵，学会在别人面前谦让，不可以使对方产生相形见绌的感觉。与此同时，自己也会因宽容大度而有一个极好的心情。

"宽恕为美，淡忘为佳。"这是英国诗人白朗宁说的。

当别人伤害了你时，你应该选择记事而放弃记仇。记事可有前车之鉴，不记仇可以忘忧。

正如"笑弥勒"给人的印象为"大肚能容，了却人间多少事；笑口常开，笑尽天下古今愁"！果真如此，则"眼前一笑皆君子，座下全无碍眼人"了。

别人有意或者无意触犯了你时，能立刻反躬自省、修身自洁的人，是圣者；别人有意或者无意触犯了你时，只一笑置之、泰然自若的人，是圣人；别人有意或者无意触犯了你时，却为对方找理由而予以原谅的人，是君子；别人有意或者无意触犯了你时，义愤填膺、时时存在报复之念的人，是小人。

每个人都希望自己是个圣人，至少做个君子，对于小人而避而远之，那现在你是否对自己的言行有所反省了？

卡耐基赞同包容他人，可为他人也为自己开启许多扇门，也可以滋润自己和别人的灵魂的观点。宽容是快乐之源，那些正在体验宽容应如何施予以及如何接受的人乃是最快乐的人。

越战期间，一支部队在森林中与敌军相遇，激战后两名战士与部队失去了联系。这两名战士来自同一个小村。

两人在森林中艰难跋涉，他们互相鼓励、互相安慰。七八天过去了，仍未与部队联系上。一天，他们打死了一只野猪，依靠野猪肉又艰难度过了几天，可也许是战争使动物四散奔逃或被杀光。这以后他们再也没捕捉到任何动物。他们仅剩下的一点野猪肉，背在年轻战士的身上。这一天，他们在森林中又一次与敌人相遇，经过再一次激战，他们巧妙地避开了敌人。

就在自以为已经安全时，只听一声枪响，走在前面的年轻战士中了一枪——幸亏伤在小腿上！后面的士兵惶恐地跑了过来，他害怕得语无伦次，抱着战友的身体泪流不止，并赶快把自己的衬衣撕下包扎战友的伤口。

晚上，未受伤的士兵一直念叨着妻子的名字，两眼直勾勾的。他们都以为熬不过这一关了，尽管饥饿难忍，可他们谁也没动身边的野猪肉。天知道他们是怎么过的那一夜。第二天，部队救出了他们。

事隔20年，那位受伤的战士杰弗逊说：“我知道谁开的那一枪，他就是我的战友。当时在他抱住我时，我碰到他发热的枪管。我真的难以想象是我共患难的战友开的枪，他为什么对我开枪？但当晚我就宽容了他。我知道他想独吞我身上的野猪肉，我也知道他想为了他的妻子而活下来。此后20年，我假装根本不知道此事，也从不提及。20年后的一天，他跪下来，请求我原谅他，我没让他说下去。我早已原谅了他，接下来我们又做了几十年无话不谈的好友。”

很多情况下，就算一个非常宽容的人，也往往很难容忍别人对自己的恶意诽谤和致命的伤害。但唯有以德报怨，把伤害留给自己，才能赢得一个充满温馨的世界。释迦牟尼说：“以恨对恨，恨永远存在；以爱对恨，恨自然消失。”

唐宋八大家之一的韩愈说：“古人君子，其责己也重以周，其待人也轻以约。”古代有修养的人，待人很宽厚，而要求自己则十分严格和全面。只有宽以待人，才能更有感召力和吸引力。在工作中勤勤恳恳、一丝不苟、精益求精；在日常生活中以礼待人、遵守信约，多为他人着想，遇到危险时勇敢无畏、挺身而出，发生摩擦冲突时主动退让。“礼让三分”，宽容让人。

古人亦有这样的家训，甚至在古人的“礼尚往来”中把“礼让三分”描绘得淋漓尽致，作为后人的我们是否可以开创一个新的美德局面，宽容谦让的礼训是不可以丢掉的，它是我们传统的法宝，是我们成功的助推器。

在日常生活中，难免会发生这样的事：亲密无间的朋友，无意或有意做了侵犯你的事，你是宽容他，还是从此分手，或怀恨在心、待机报复？有句话叫“以牙还牙”，分手或报复似乎更符合人的本能心理。但这样做了，怨会越结越深，仇会越积越多，真是冤冤相报何时了。如果你损失了自己的利益后采取了别人难以想象的态度去，宽容对方，表现出别人难以达到的襟怀，你的形象瞬时就会高大起来，你的宽宏大量、光明磊落使你的精神达到了一个新的境界，你的人格折射出高尚的光彩。宽容，作为一种美德受到了人们的推崇，作为一种人际交往的心理因素也越来越受到人们的重视和青睐，离你成功的顶点也就不远了。

宽容是解除疙瘩的最佳良药，宽广胸襟是交友的上乘之道，宽容能使你赢得朋友的友谊，宽容能成就你的伟大事业。

因为正如英国诗人济慈说：“人们应该彼此容忍，每个人都有缺点，在他最薄弱的方面，每个人都能被切割捣碎。”金无足赤，人无完人，每个人都可能犯下这样那样的错误，如果宽容了别人，也就为你的成功奠定了一个坚定的基底。

尽管你有时候喜欢对你或别人所处的人际关系或生活的某些方面吹毛求疵，现在你所需要去做的只是将“吹毛求疵”作为一个坏习惯而注销掉，学着怎么去宽容别人吧。如果这个习惯偷偷侵入你的意识里，你就要把握住你自己并封上你的嘴，你越不常去挑剔你的伙伴或朋友，你就越能注意到他们的好，你的生活就越美好。

由此看来宽容不但是做人的美德，也是一种明智的处世原则，是人与人交往的“润滑剂”。常有一些所谓的厄运，只是因为对他人一时的成见和刻薄，而在自己前进的路上自设的一块绊脚石罢了；而一些所谓的幸运，也是因为无意中对他人一时的恩惠和宽容而拓宽了自己的道路。

宽容犹如冬日过后的春风去融化对方心田的冰雪，变成潺潺细流。一个不懂得宽容别人的人，会显得愚蠢，大概也会苍老得快；因为他是一个不懂得对自己宽容的人，把生命的弦绷得太紧而伤痕累累，压抑或断裂。

我们生活在一个越来越不能忽视功利的环境里，但倘若太吝惜自己的私利而不肯为对方让路，这样的人最终会无路可走；倘若一味地争强好胜而不肯接受别人的一丝见解，这样的人最终会陷入世俗的河流中而无以向前；倘若一再地求全责备而不肯宽容别人的一点瑕疵，这样的人最终宛如空中楼阁，随时都有倒塌的可能。

对人宽容应该是由内外因素混合促成，有的人天生就一副好脾气，而有的人则是在后天环境中培养出来的，世上大多数人都不能真正做到宽以待人，如何培养不妨提三点建议：

1. 发现和承认他人的价值

每个人肯定有他的优点，所以我们在看人时不能以固定的观点去“一叶障目”地审视别人，要以一颗谦虚的心发现和承认他人的价值。

2. 容忍接受他人的观点

不要实行独裁的判断，允许并能接受别人的建议和意见，让他们为自己做好策谋。

3. 对伤害了自己的人表示友好

在我们处世的原则中，实行“对事不对人”的信条，对侵犯了自己的人不要过度斤斤计较，用友好的心态去感化他。

充满自信，赢得信任

人是有理想、有追求的动物。为了追求理想，自信是必备品。信心是成功的推动器，人的意志、毅力有时能够发挥出超越极限的威力，正是顽强的信念，创造了一个个不平凡的业绩，造就了一个个声名显赫的伟人。

人际交往虽然算不上名垂千古的大事业，但要处理得十分圆满，也相当困难。常常会碰到这样的困难："他愿不愿意跟我打交道？""我这个形象会不会得到别人欢迎？""这个人似乎不好相处。""我真不想再跟他交往了。"当你在交往时碰到此类小烦恼而摇摆的时候，你就需要靠自信来"充充电"了，焦虑、徘徊、犹豫、恐惧、害羞，往往会成为交际的绊脚石。自信最重要，如果你在交际时"不由自主"或"六神无主"，那你的交涉肯定会失败。交际中的自信可以展现一个人的精神风貌，体现一个人的人格风范。有了自信才能时刻保持充沛旺盛的精力，才能在交际中立于主动地位，主动出击，赢得别人对你的信任！

在一次演讲会上，一位著名的演说家没讲一句开场白，手里却高举着一张五十美元的钞票。面对会议室里的几百多人，他问："谁要这五十美元？"一只只手举了起来。

他接着说："我打算把五十美元送给你们中的一位，但在这之前，请准许我做一件事。"他说着将钞票揉成一团，然后问，"谁还要？"举起的手依然没有放下。

他又说："那么，假如我这样做结果又会是什么呢？"他把钞票扔在地上，又踏上一只脚，并且用脚狠狠地踩它。而后他拾起钞票，钞票已变得又脏又皱。

“现在谁还要？”还是有人举起手来。

“朋友们，我们已经上了一堂很有意义的课。无论我如何对待那张钞票，你们还是想要它，因为它并没有贬值。它依旧值五十美元。”

上面虽然说的是关于钞票价值的问题，引申到人生的自信中也是一个道理，你的自信在你人生前进的道路上从来不会贬值，自信，是你不卑不亢的兴奋剂，有了自信，就不要去怀疑自己了。

怀疑自我是人性的一大缺点，怀疑自我的人始终无法汇集自己的精力做事，更不用提把一件事干得多漂亮。这样的人很难摆脱失望情绪的纠缠，无法达到圆满做事的成果，终生在忧郁中度过。

时下的瘦身风，令许多根本就不胖的女人，也拼命地节食、运动。广告中也一直在暗示：只有瘦女人才会拥有幸福。

幸福从来就跟胖瘦扯不上边。很多男人喜欢瘦的女人没错，但那跟自己的幸福，并没有直接关联，我们需要的只是真情真意。

我有一个胖胖的女同学，她是那种自信又笑口常开的女人，在她身边，你不会觉得胖是不完美的，相反地，只会去注意她拥有的许多内在气质。她有许多才华，其中最令我难忘的，便是她的文采，她是把写作当作艺术的作家，每篇文章都是旷世佳作。

她的男友对她很忠诚，原因并不是她的外表，而是她的内涵已经弥补了她的外表。你一定想知道她男友帅不帅？告诉你，他是个超级大帅哥。

这个胖女人告诉别人说：“胖并不是我的致命伤，相反的，它是上天赐给我的礼物，它让每个在我身边的人，并不会受外表迷惑来和我在一起，所以，我身边的人，都是真诚的人。”

自信，就像一道美味佳肴，让你垂涎三尺，而且回味无穷。自信不是靠外表的吸引得来的，内在的气质、内在的品质、内在的修养才能真正焕发自信的光彩，真正交上朋友。

我们每个人如果想要取得他人对我们的信任，那么就要下决心除去自己的劣根性，做一个为自己的行为负责的有志青年。

开始时你也许是强迫自己做，但从朋友对你态度的改变中，你会了解到自己做对了，而且一定要保持下去，这样总有一天你会成为一个大家都信任的人。

有时候，在人际网络中我们也会碰到很难缠的人，他们总以权力、资力、财富、地位、经验等作为自己的靠山，表现得总比别人有优越感。很自然和这些人打交道，很容易打击我们的自信心，不自觉地就要对他们表现得低三下四，一时间也没了可以开聊的话题，紧张得脸都涨红了；或者你会认为自己根本无法接近对方，那么请深呼吸，让自己平静下来，排除一切“等级”差别——社会主义社会，人人平等，昂首挺胸面带笑容，充满自信与气度，大胆地与对方交流吧！否则你怎么去维护你的朋友圈，别人也只会把你当缩头乌龟。

做人为人要诚实守信

如果你有着良好的诚信，让别人在心里承认你、信任你，那么这就是你做好人的巨大资本。

赢得高朋满座，对别人讲诚信很重要，只有如此才能获得大家对自己的信任，与之结为朋友。只要你学会了讲究诚信，其所带来的收益要比获得千万财富更足以骄傲。

诚实守信，素来被中华民族视为优秀的文化传统继承了下来，所以自古以来，中国人都十分注重讲信用、守信义。清代顾炎武曾赋诗言志："生来一诺比黄金，哪肯风尘负此心。"表达了自己坚守信用的处世态度和内在品格。因此，中国人不管是历代君王，还是平常百姓历来把守信作为齐家治国、为人处世的基本品质，言必信，行必果。

东汉时，汝南郡的张劭和山阳郡的范式同在京城洛阳读书，学业结束，他们分别的时候，张劭站在路口，望着天空的大雁说："今日一别，不知何年才能见面……"说着，流下泪来。范式拉着张劭的手，劝解道："兄弟，不要伤悲。两年后的秋天，当你再望见大雁的时候，我一定去你家拜望老人，同你聚会。"

落叶萧萧，篱菊怒放，这正是两年后的秋天。张劭突然听见天空一声雁叫，牵动了情思，不由自言自语地说："他快来了。"说完赶紧回到屋里，对母亲说："妈妈，刚才我听见天空雁叫，范式快来了，我们准备准备吧！""傻孩子，山阳郡离这里一千多里路，范式怎会来呢？"他妈妈不相信。摇头叹息，"一千多里路啊！"张劭说："范式为人正直、既诚实又守信，他一定会来的。"老妈妈只好说："好好，他会来，我去备点酒。"其实，老人并不相信，只是怕儿子伤心，宽慰宽慰儿子而已。

约定的日期到了，范式果然风尘仆仆地赶来了，旧友重逢，亲热异常。老妈妈激动地站在一旁直抹眼泪，感叹地说："天下真有这么守信的朋友！"范式重信守诺的故事一直为后人传为佳话。

这不是让我们感动，更重要的是让我们领悟，让我们去履行。

诚能动人，至诚可以动天。

诸葛亮高卧隆中，自比管乐，抱膝长吟，略无意于当世，他与刘备原是素昧平生，谈不上有什么私人友谊，刘备也知道诸葛亮是盖世奇才，一心想收为己用。他仗着自己是中山靖王之后，汉室的子孙，同时利用人心尚未忘汉的机会，亲自去访问诸葛亮，"三顾茅庐"，才得相见，这种行径，十足表示他的诚挚，诸葛亮无意当世，原是找不到合意的主子，亲见刘备有重建汉室雄图，对他又万分诚挚，才认为他是合意的主子。便放弃高卧隆中的想法，以身相许，虽几经挫折，绝不灰心，到后来竟以"鞠躬尽瘁，死而后已"为报。可见诚信动人之深。

古人给我们树立了很好的典范，有了诚信，才能广交真正意义上的朋友，朋友亦君子；有了诚信才能求得助自己一臂之力的贵人，扶持自己的事业走上正轨，可见，诚信的力量不是我们就能简简单单把它衡量的。

1969 年，美国著名的心理学家约翰·安德森在一张表格中列出了 500 多个描写人的形容词，他邀请近 6000 名大学生挑选出他们所喜欢的做人品质。调查结果表明，大学生们对做人品质最高评价的形容词是"真诚"。在 8 个评价最高的候选词语中，其中 6 个和真诚有相同的内容，它们是：真诚的、诚实的、忠实的、真实的、信得过的和可靠的。大学生们对做人品质给以最低评价的词是"虚伪"。在 5 个评价最低的候选词语中，其中有 4 个和虚伪有关，它们是：说谎、做作、装假、不老实。

约翰·安德森这个调查研究结果在人际交往中具有普遍意义。生活中我们总是喜欢真诚信得过的人，讨厌说谎失信的人。日本著名的佛学大师池田大作说："一个诚实的人，不论他有多少缺点，同他接触时，心神就会感到清爽。这样的人，一定能找到幸福，在事业上有所成就。这是因为以诚待人，别人也会以诚相见。”一个人只要真诚地待人处事保证自己的信用，就容易获得他人的帮助，甚至有的朋友都可能为你的诚信去牺牲他的宝贵东西也不在乎。真诚地做人，守信地做人则容易让人接纳，能交到更好的朋友。

我们在日常生活中，更不能忽视诚实守信的现实意义。诚实守信，是一个人立于世的金字招牌。没有人会愿意和一个没有任何信誉、虚伪的人交往，相反，都愿意和信誉好、真诚的人相处。因为真诚与信誉是一种保障，和有信誉的人交往办事，可以使自己没有或是很少有损失，这会让人心里感到踏实、可靠，而不是提心吊胆、诚惶诚恐。

做到了诚实和守信，好人缘自然而然地建立起来了，你会引来更多的人与你结识、合作、办事，生活的路自然宽了很多。

有人把诚信看得非常重要，视它为自己成功必不可少的一个因素，这是非常正确的。不讲求诚实，不仅仅会给别人造成损失，同时也会使自己失去一些或很多东西，而且它还会影响与他人更进一步的交往办事，使人们都逐渐地远离你。

与人相处中，诚信是一个非常重要的交往原则，应该以古人为榜样，做到“言必信，行必果”。什么事情，说到做到，做不到的就不要轻易许下承诺，即使说了，以后无法再收回，也要实事求是地跟对方讲明后，讲讲其中的原因，亦求得对方的谅解。

现在有的年轻人认为：一个人的诚信建立在金钱的基础上，一个人有钱、有雄厚做资本，就象征着有诚信。这种想法是对诚信的畸形理解。讲诚信在于身体力行，一个人是否讲诚信不取决于他的财富，而取决于他对待别人是否有一颗诚实守信的心。

不管在哪个时代，人们都不能单独孤立地生活。人和人之间要有顺畅的交流、沟通，彼此寻求寄托与抚慰，这是对个体存在的认证，更是对生存状态的延续。而彼此认同的产生其实就是一个彼此真诚信任、互相接纳、多元包容的过程。作为社会的最小个体，我们不能强求别人守承诺，但我们自己要能做到真诚守信，对他人保持一颗真诚的心，一种守信的原则。

现在，社会越来越开放，人际交往越来越频繁，要获得别人的情感认同，不断取得信任，就应该“已所不欲，勿施于人”“已欲立而立人”，从小事做起，真诚待人。要知道，不管时代怎么变，诚信作为为人处世的基本准则不会变，也不能变。

因为，诚实守信已经被人们定为一种做人与为人的美德，人们常以讲信用来表达对人的尊敬，言而无信的人历来都受到人们的谴责。言而有信、受人尊敬的人，自然会有好的人缘，而言而无信、受人指责的人没有好人缘也是必然的。

中国从古至今都把信用看得相当重要，并且在长期的生活实践中，总结出了许多关于守信的名言佳名。如《论语》中有：“与朋友交，方而有信。”程颐说：“人无忠信，不可立于世。”还有“一言既出，驷马难追”，“一言九鼎，一诺千金”等，这些都是告诫人们要守信。

因此，一生不要有一次欺骗，免得对方对你的信任产生怀疑进而对你个人的否定。“汝也不爽，干贰其行，士也罔极，二三其德。”对配偶的不忠心，还会遭到怨恨，况为素无交情的贤人，哪能不鄙夷你的为人呢！若发生例外那也只是你的力量太弱，还不足以打动对方的心罢了，这叫诚之未至。你应该增加你的诚，直到足以打动对方的心为止，任何事都要“反求诸已”，不必“求诸于人”，这是用诚信去感动他人的唯一方法。

爱耶伯劳曾说过：“信用仿佛是一条细线，一时断了，想要再接起来，难上加难。所以，你要使用信用这笔人生存款时，千万不要透支。当你的信用值为负数时，你可能就变成了一个穷光蛋。”

平时一旦对别人有所承诺，就一定要恪守信用。这说起来简单，做起来却相当困难。只要稍有疏忽，就可能会失信于人。所以，要想做一个守信的人就不要轻易许诺。

在许诺之前应先对自己的能力做出正确的衡量。问问自己：“我真的能履行那些诺言吗？”如果不确定，那就不要拍着胸脯装硬汉。应该用“我尽力”“我试试看”来回答。许诺是一件非常重要的事，答应别人就如同欠了别人的一样，因此，千万不要轻率地向别人许诺。

对于已经许诺的事，就应该认真付出，努力地去实现它。要知道，如果无法守信，即使理由很充分，别人也会对你产生不信任，这自然会损坏你的形象，影响你的事业。

如果你兑现不了你曾许诺的事，或遇到了严重的、不可预见的困难，一时无法做到承诺，就应该及时通知对方，这样可以避免不必要的误会。千万不要打肿脸充胖子，到最后丢掉了自己的信誉。你应当负起责任来，主动采取补救措施把损失控制到最小，只有这样才会把失信于人的不良影响降到最低点。

没有人愿意浑浑噩噩地度过一生，你要想树立一个完美形象，成就一番事业，那你就一定要注意，不论大事小事，都要讲信用，不断为自己的人生银行存款，但，不能透支。

既然诚信如此重要，那么我们如何才能获得别人的信用呢？以下几点可作为参考：

第一，良好的习惯是一个人交友时所需要的一种可贵的资本。有良好习惯的人远比那些沾染了各种恶习的人更让人乐于接近。有很多人，就是因为有一些不良习惯，使得别人始终不敢对他抱以信任，因此也无法和他继续交往。那些沾染了各种恶习的人，大都自己是不太清楚的，但那些与他发生交往、产生业务往来的人却看得很清楚，因为他们大多是很看重这些问题的。

第二，必须事无巨细，“言必信，行必果”。常言道：“君子一言，驷马难追。”就是告诉我们要注意自我修养，做事、承诺必须恳切认真，建立起良好的名誉；应该随时设法纠正自己的缺点；行动要踏实可靠，做到言出必有信，与人交往时必须诚实无欺——这是获得别人信任的最重要条件。

第三，给自己储藏一份让人信任的资本。让别人相信你，相信什么呢，换句话说，你拿什么让人相信呢？条件只有一个：老老实实做出成绩来让人看，证明他的确是判断敏锐、才学过人、富于实干的人。一个才能平平的人把多年的储蓄都拿来投资到事业上，固然是很好的事情。但如果他在某一方面有所专长，他给人留下的印象更不知道要好多少倍。因为在这样一个企业和职业都专业化的时代，一个无所专长又样样都懂一点的人物，与那些在某一领域有所专长的人相比，竞争力总是差那么一点点。所以，如果一个人身上有一笔最可靠的资本——在某一领域有所专长，那么无论他走到哪里，都将受到他人格外的重视和信任。

培养良好的习惯虽然是件循序渐进的事情，而且总不是一针见血般地立出效果，但是只要你有恒心，就没有什么克服不了的。

诚信是做人、处人的基础。诚信就像一辆直通车，选择的是沟通心灵距离的最佳路径，唤起的是一种大家发自肺腑的参与感、共鸣感和荣誉感。

有时候，沉默也很重要

有这样一则寓言故事：

有一只乌龟住在池塘里，每当春天来临，池塘边就会有一群大雁光顾，在那里嬉戏玩耍。年年如此，时间长了，小乌龟就和它们成了很要好的朋友。

有一年，大雁又来这里“度假”。在与大雁闲聊的过程中，小乌龟听说南方不仅气候温润，而且景色优美，最重要的是还有很多好吃的物产。小乌龟听它们这么一说，情不自禁萌生了一个念头，就想和大雁一起去南方看看，生活一段时间。但它不会飞，怎么才能到南方呢?

一只大雁听了它的想法后，就说：“没问题，你尽管放心，我想好了，我和我的同伴各叼着木头的两端，你就衔着木头的中间，那样我们就可以一起飞到南方了。但是，你一定要记住，千万千万不能张口说话。”

乌龟听了大雁的主意，高兴得一蹦三尺高，终于可以到南方去了。于是，大雁就衔着乌龟飞离池塘。飞过第一个村落，被一些人看见，便议论纷纷，说：“快看，天空有大雁衔着乌龟在飞呢。”乌龟看着好奇的人们，想说明什么，但想起大雁的警告，就忍住没说话。飞过第二个村落，被一些人看见，便又议论纷纷，说：“你们看，两只美丽的大雁正衔着一只王八飞过去呢！”乌龟还是憋着没有说话。飞过第三个村落，被一些人看见，依然议论纷纷：“大家快来看啊，两只美丽的大雁衔着一只乌龟在天上飞。”

“咦！大雁什么时候会吃乌龟肉，我怎么不知道？”

“可能是大雁把乌龟衔到空中，把它摔成肉泥，才能吃它的肉吧！”

听着人们的胡乱猜测，乌龟越听越气愤，它自己被说三道四没关系，竟然诬蔑了它最善良的朋友，怎么能原谅这些无知的人类呢？因此，它张口大叫："这和你们有什么关系？真是多管闲事！大雁是帮助我飞到南方的！"

乌龟一张口，还没等把话说完，就从空中坠落地上，摔成了肉泥。

乌龟肯定后悔莫及，如果听大雁的话不开口说话兴许自己能见到梦寐以求的南国风光，现在只有在黄泉路上迷茫了。是啊，如果乌龟不管人们怎么议论，保持沉默的话，结局就不会这么惨，看来沉默有时真的很重要！

人们要学习怎样说话，而最主要的技巧是，怎样及在什么时候保持沉默。阿拉伯流行一句俗语："你要说话时，你的话必须要比沉默更有益。"

卡耐基认为，如果你很想说话，就先问自己：你为什么想说话——是为了自己，为了自己的利益，还是为了别人的利益。如果是为了自己，那就努力保持沉默。

对过于疯狂的人最好的回答就是沉默。因为，说不定回答他的每一个词都会反过来落到你头上。以怨报怨——就等于干柴烈火。

在特定的环境中，保持沉默常常比论理更有说服力。我们说服他人时，最头痛的是对方什么也不说。反过来，如果劝者什么也不说，对方的错误意见就不攻自破了。

在日常交往中，沉默往往会给你带来益处，在某些场合，沉默不语可以避免招惹事端。许多人在缺乏自信或极力表现得有风度时，可能会不假思索地说出不合适的话给自己带来麻烦。

有时候说话不经思考，即使言者无心，但是听者有意。

一天深夜，张今声回家时误入隔壁邻居家，他非常难堪，便自我解嘲地说："我好像听见里面在庆贺什么。"房间里顿时出现一片尴尬的沉默。事后，张今声的妻子告诉他，邻居家的主妇刚刚小产。张今声说："现在，即使是情况万分紧急，我也要静思慎言。"

适时地保持沉默不仅是一种精明之道，而且也有实际的好处。常言道："沉默不会使人后悔。"

一位女士的经验证明了这一点，她说："当我们的第一个孩子出世时，我丈夫由于工作繁忙，对我和孩子疏远了，这样几周以后，我感到精力大耗，并想大发雷霆。

“一天我给他写了封充满怨言的信。然而不知为什么我没把信给他。第二天，丈夫提出要给婴儿换尿布，并且说，他想他现在应该学着做这些事了。

“尽管我不知道他为什么会改变想法，但还是非常高兴地把信烧了，并暗自庆幸我给了他机会。一场争吵就这样雨过天晴了。此后，他一直对我很好。”

人们往往不善于沉默，而沉默往往是适用于各种情况的一种策略。有时片刻的沉默会产生出奇制胜的出乎意料。

尽管大多数人直言不讳的时候不会很多，但有时候还是不说为妙。

有些问题根本就不值得提出来，你也不希望大动干戈地把小分歧变成大冲突。花费时间和精力纠缠于鸡毛蒜皮的分歧是不明智的，特别是那些不大可能会影响人们工作质量或者那些你很可能在一周或一月后就忘记的分歧。如果冲突只涉及不重要的关系或者不会持续很久，那就可以保持沉默。

即使分歧非提出来解决不可，也有个机会问题。例如，如果向你的领导提出一个急待解决的、新的棘手问题，可能就会徒劳无益，除非提出来的问题对手头的工作非常重要，并且确实有足够的时间来解决这个问题。因此，等到过了这段紧张时间，人们能集中精力研究你必须说出来的问题时再提，也许是最好的选择方案。

此外，当你自己或他人正在生气的时候最好对分歧闭口不谈，从长远来说这是有益的。如果你跟朋友刚发生争吵，你们两个人的情绪都很激动，那就等以后你们都冷静下来、能够心平气和地讨论问题的时候再安排时间交谈，只有在那个时候你们才能进行有实质意义的讨论而不是相互指责。但是，如果你推迟难度很大的交谈，一定不要无限期地拖延，否则，那些没有解决的分歧一定会重新落到你头上。

什么问题必须讨论或者最好在什么时候讨论并没有一成不变的规则，而是必须依靠自己的判断。重要的是，你的心态应当转变，从问“现在是不是难得的、应当实话实说的时候”，转变为问“现在是不是难得的、应当保持沉默的时候”。

沉默，有时候真的很必要也很重要！

倾听，无声胜有声

现在，很多书店里琳琅满目摆着几乎都是关于谈吐、口才方面的书，由此可见，人们对“说”是多么重视，不会说话就不可能与人很好地交流，难以很好地表现自己，也就谈不上推销自己和推销自己的产品了，所以很多人都把会说看成是成功经商和做生意的基础。也许正是由于这个原因，很多人重视了“说”，而忽视了“听”，结果在商务交际中不太顺利。

卡耐基曾讲述过一个很有意思的故事：有一次，卡耐基在纽约书籍出版商齐·马·格林伯格举行的晚宴上结识了一位著名的植物学家。他以前从来没有和植物学家打过交道。后来，卡耐基写下了这次交谈的经历：

“我发现此人非常有魅力。老实说，我是恭恭敬敬地坐在椅子上听他讲述印度大麻和室内园艺的事。他还跟我讲了关于那些不屑一顾的土豆的事。我自己也有一个小小的家庭苗圃——他还善意地指导我如何解决我遇到的一些问题。

正如我所说的，我们是在参加一个晚宴，那里当然有几十位客人，但是我违背了所有的客套礼俗，对其他客人好像熟视无睹，只是一个劲儿地同那位植物学家一连谈了好几个小时。午夜来临，我同所有的客人道了晚安之后就离开了。那位植物学家转过身去对主人说了几句恭维我的话，说我最富于魅力，说我如此如此，这般这般。最后，他说今晚和我聊得很带劲儿，度过了一个愉快的晚上。”

卡耐基后来回忆说：“天哪！我几乎什么都没有说。”一个人在三个小时内几乎什么话都没有说，竟然会成为很投机的交谈伙伴，实在出人意料，但事实上又在情理之中。从植物学家来看，卡耐基是把他作为志趣相投的话友；而从卡耐基来看，他本人只是一名耐心的听众，只是不断地鼓励他说话。

卡耐基告诉那位植物学家，他受到了优厚的款待和极大的收益——事实上也是这样，他希望从植物学家那里获得他以前没有接触过那些知识。倾听对方的谈话，有时会很容易地得到对方的信任和好感。善于倾听会使对方心情爽朗，会换来对方的理解、信任和支持，会使对方吐露出内心的烦恼或喜悦，最重要的，它还能使说话者感觉到自身价值的实现。俗话说："会说的不如会听的。"只有善于倾听他人谈话，才能更准确地把握谈话者的意图、流露出的情绪、传播出的信息，更好地促使对方继续谈下去。

倾听，是有效的沟通过程中最强有力的招数，可是，事实上却很难找到喜欢倾听的人。如果你遇到真正能听你说话的人，而且能告诉你，你所说的真正意思，而不是他以为你说的是什么，那就是珍贵的经历了。善于听别人说话的人，应该能给对方反馈，说话的人会有心照不宣之感。说话的人知道，你的确在听他说话，他就能更倾心、更热忱、更愿意回报了。

道理很简单，听话者的态度会直接影响说话者的兴趣，假如你是一个说话者，而你的交流者没耐心听你讲话，或者把你的话当耳边风，随便敷衍，你绝对不会有好的感觉。相反，如果对方相当重视你的谈话，你肯定更容易和对方交流。

一个成功的"听"者首先是一个虚心向别人请教的人，他非常尊重别人的经验和积累，总是把对方摆在自己之上，无论对方是什么人，他总是认为对方必定有某些可以借鉴的东西，在某些方面高自己一筹。正因为这样，在交际中，他总是鼓励对方讲话，不断强调其中有价值的内容，让别人把自己的完全陈述出来。无论别人讲什么话，你都不会拒听，更不会表现出生气的情绪。

许多人没有耐心听别人讲话，因为他们是"事业家"，是"大忙人"，生活节奏再繁忙。不能否认，现代社会竞争激烈，一个想成功的人要做的事太多，往往整天疲于奔波，因而时间长了，性情也变得容易暴躁、发脾气，对"倾听"显得心不在焉，甚至别人刚一启齿，还未等到对方把话说到正题上，就会予以否定，一口咬定不行，然后以十分武断的口气阐述自己的观点。这类人往往是想通过"短、平、快"的方式，以雄辩的口才显示自己的才能，在公开场合打下根基。但这样做的结果，表面看目的好像达到了，事实上却得不到别人的认同，无法建立真正的友谊，更没办法经营好自己的朋友圈。

所以，听别人讲话有时候得有耐心，而耐心是一个成功的“听”者的必备素质。耐心绝不是默默忍受，而是时时给对方的讲话以反应，分析对方所谈的内容，并且不断地让对方觉得你重视他的话，他可以轻松自信地说下去，而你也不会放过他说话的任何细节。

成功的“听”者并不是被动的，而是要善于主动出击提问题，使谈话深入下去。这一方面表示自己对对方谈话的重视，另一方面也是对谈话的引导。所以“听”应该是一种主动的交际行为。一个有本事让人家把话说到底、说到实处的人，绝对是一个成功的交际高手。

学会倾听，对于听者百益而无一害：

1. 倾听是对自己的尊重和欣赏

根据人性的特点，我们知道，人们往往对自己的事更感兴趣，对自己的问题更在乎，更喜欢自我表现。一旦有人专心倾听我们谈论我们自己时，就会感到自己被重视。

讲话的好处之一是，别人将以热情和感激来回报你的真诚。善听者，可以掌握他人的心思，促进感情的交流与互动。意味对他人的欣赏。同样，对你的回馈也是别人对你的尊重和欣赏。

2. 倾听是对自己的保护

如果你说话过多，有可能会把自己不想说出去的秘密泄露出来。这对很多人来说，将会带来不堪想象的损失。做生意谈判时，有经验的生意人常常先把自己的情况藏起来，注意倾听对方的讲话，在了解对方情况后，才把自己的牌打出去，但最后的底牌非到关键时候才会亮。

倾听在人际关系中有重要的实用价值，可以在各种人际交往中广泛运用。但在现实中，却有很多的人不能很好地运用倾听来经营人际关系。

3. 倾听可以帮别人减压

这就是我们碰到困难的时候所必要的。心理学家已经证实：倾听能减轻心理压力。当人有了心理负担和问题的时候，能有一个合适的倾听者是最好的解脱方法之一。

你帮了别人的忙，解除了他的压力，当你需要的时候，别人就会随时感恩报德的。

4. 倾听，可以促进自己

每个人都有他的长处和优点，倾听将使我们能取人之长，补己之短，同时防备别人的缺点、错误在自己身上重演。这样便能使自己更加聪明。郭沫若曾说：“能师大众者，敢做万夫勇。”

当你把注意力集中到倾听理解对方的时候，你便会很容易地摆脱掉自以为是的束缚。这样你便会成为一个备受喜欢的谦虚的人。

5. 倾听，帮你去沟通

人们都喜欢自己说，而不喜欢听人家说，常常是在没有完全了解别人的情况下，或对别人盲目下判断或打断别人的话，这样便造成人际沟通的障碍、困难，甚至冲突和矛盾。

6. 倾听，化解抱怨的良方

一个牢骚满腹，甚至最不容易对付的人，在一个有耐心、有同情心的倾听者面前常常会软化而自惭形秽，变得宽容大度。

凡事要实干

人与人之间的交往是一种平等互利的关系，也就是说，你对别人怎样，别人就会怎样对你。你帮助我，我就会帮助你。有一句话可以很好地概括“投之以桃，报之以李”，一个人只有大方而热情地帮助和关怀他人，他人才会给你以帮助。所以你要想得到别人的帮助，你自己首先必须帮助别人。

勇的太太要生孩子，他扔下电话，跳进公司的那辆破车就往外冲。“你上不了山的，车太老了！”同事在后面喊。“没办法，只好冲冲看了！”果然，一开始爬坡，车就吃不消了，但居然侥幸地过了几个坡。眼看就要冲上最后一个坡了，一个提着皮箱的人过来拦车，“能不能带我一程？箱子太沉了！”勇不予理会，一直往前冲，心想：“我自己都不能保证过得去。”但就在冲上山头的那一刻，车停住了，无论怎么踩油门都无济于事，并且开始往下滑。

勇索性退了回去，准备再次冲刺。半路碰到刚才那个人，还回头对他笑呢。勇觉得对方在讽刺他，心里狠狠地骂了一句，就再次往上冲。这次，奇怪了，就在差一点的时候，车居然缓慢地上了山头。勇正兴奋，却猛然发现车后站着那个人，满脸通红，气喘吁吁。“刚才是你帮我？”“嗯，你……能不能带我一程，我赶着去帮人接生！”

人们总是可以敏感地感觉到自己的苦处，而对别人的痛处缺乏同情。他们不了解别人的需要，更不会花工夫去了解；有的甚至知道了也装作不知道，大概是没有切身之苦，切肤之痛吧！

虽然很少有人能做到“人饥己饥，人溺己溺”的境界，但我们至少可以随时知道一下别人的需要，时刻关心朋友，帮助他们脱离困境，当朋友身患重病时，你应该多去探望，多谈谈朋友关心而感兴趣的话题；当朋友遭到挫折而沮丧时，你应该给予激励；当朋友愁眉苦脸、郁郁寡欢时，你应该亲切地询问他们。这些适时的安慰会像阳光一样温暖受伤者的心灵，给他们希望。

主动伸出援助之手，是善于经营朋友圈的一种良好姿态。俗话讲，患难见真情，当你伸出援助之手的时候，尤其是对方急需要一只手的时候，就更能让人感受到交往的魅力，你向别人伸出一只手，别人也会向你伸出一只手。“帮人即帮己”。

爱心和助人为乐的美德，可以说是价值连城的财产，一把获得成功的金钥匙，1991 年 1 月，当倪萍站在中央电视台演播大厅里，第一次主持《综艺大观》时，她深知前任成方圆创造奇迹，也深知杨澜在观众中的地位，因此她决定发挥自己的长处，用爱心和笑容征服电视机前的亿万观众。

中国的老百姓不仅需要赵忠祥的稳重和儒雅、杨澜的学识与活泼、王刚的灵敏与幽默，而且同样需要质朴、大方、真诚与关怀，因为这些品质都是几千年中华文化的积累与沉淀。节目播出后，电视机前的观众们被倪萍身上放射出的“中国味”打动了，许多人来信说，他们为倪萍那饱含深情的微笑和发自内心的声音所打动，称她为一缕和暖的春风，更有许多老人把倪萍当成了自己的闺女。

倪萍的爱心不仅赢得了观众，也折服了同行。1996 年倪萍已成为中央电视台著名的节目主持人。当电视台新闻评论部的邵宾鸿向她借衣服以主持欧美同学会的联欢会时，倪萍毫不犹豫就选了四套不同类型的礼服给她送了过去。后来，邵宾鸿在给倪萍的信中写道：“虽然事情本身不大，但可以看出你为人的一个侧面，这是进入影视圈里名气愈大的人愈难得的，我为你感到高兴。”

倪萍的乐于助人征服了所有的朋友，包括她自己，所以在她的事业上怎能没有人帮助她?

甩掉自负

三国名将关羽，过五关，斩六将，温酒斩华雄，匹马斩颜良，偏师擒于禁，擂鼓三通斩蔡阳。“百万军中取上将之首，如探囊取物耳”。

然而，这位叱咤风云、威震三军的盖世之雄，下场却不尽如人意，居然被吕蒙一个奇袭，兵败地失，被人割了脑袋。

关羽兵败被斩和蜀吴联盟破裂，吴主兴兵奇袭荆州的客观背景是分不开的。吴蜀联盟的破裂，原因很复杂，但主要原因还是与关羽的骄傲有着密切的关系。

诸葛亮离开荆州之前，曾反复叮嘱关羽要东联孙吴，北拒曹操。但他忽略了这一战略方针的重要性。他瞧不起东吴，也看不起孙权，致使吴蜀关系紧张起来。关羽驻守荆州期间，孙权派诸葛瑾到他那里，替孙权的儿子向关羽的女儿求婚：“求结两家之好”，“并力破曹”，这本来是件好事。以婚姻关系维系补充政治联盟，历史上早有先例。如果放下傲慢的架子，认真考虑一番，利用这一良机，进一步巩固蜀吴的联盟，将是很有益处的。但是，关羽竟然狂傲地说：“吾虎女安肯嫁犬子乎？”

如此这般，孙权的面子如何吃得消？又怎能不使双方关系破裂？

关羽，一代名将一世英明，就这么烟消云散了，哎，谁叫他看不起别人呢？

如果对他人采取轻视的态度，这对自己绝无半点益处。因为你刺伤他的自尊心，他自然会对你产生反抗。

影响所及，你的人际关系必定一落千丈，连带造成事业发展的不顺畅。

下面我们看一则情境对话：

面试主管：你对电脑懂得多少？

应聘者：懂一点，我戴过电子表，玩过“连连看”，房间有台电视……还有，我看过同学用DOS开机……但是我有信心，能在很短的时间内熟练电脑操作。

面试主管：那你先到电子车间任操作员，试用期两个月，如无进展，自动辞职，下一位！（第二位应征者进入）

面试主管：你对电脑懂多少？（一样的问题）

应聘者：嗯，那要看是哪一种电脑了，一般的超薄掌上型的单晶片脉冲电子表比较简单，我小学时候常常使用它设置闹铃功能。

至于多功能虚拟实境（任天堂）就复杂得多，不过我曾经完整测试过许多静态资料（只玩卡带破关）。

长大后我对于复频道高频无线多媒体接收仪器（电视）开始产生兴趣，每天晚上都会搜寻特定频道的资料（指八点档电视节目）。

至于传统的电脑，我手下的一位工作伙伴（同学）经常在我的监控之下进行主储存的单晶体与磁化资料存取之间的信号交换……

面试主管：明天开始上班。任车间副主任，你的配车在地下二楼，附有停车位……

第一位应聘者两个月期间扎扎实实工作，用心向同事请教，凡事都冷静思考；第二位则高高在上，对人横鼻子竖眼睛，很是蛮横，架子端得比老板还要高，在公司里越来越离群。

可是，两个月之后，第一位应征者没有停留在原来的位置，通过努力，技术越来越精；第二位应征者由于一时的吹嘘“吹”来了“富贵”，但光凭嘴上功夫，没有实干精神，终是碌碌无为，最后他们的位置被对调了。

爱自我夸耀的人，找不到真正的朋友。因为他自视清高、自以为是，不大理会别人的意见。这种人只会吹牛，朋友们避之唯恐不及。这种人常吹嘘最有本领，觉得干什么都没有人比得上他，往往瞧不起别人，结果使自己成为离群的羊。

常言道：“面子是别人给的，脸是自己丢的。”这话足以发人深省。一个人若真正具有某种本领或才智，是自然会得到别人的公正评价的。这赞美的话若是出自别人之口，才具有真正的价值。如果一个人总是对自己的成绩自我炫耀，夸大其词，其实是一件很失面子的事。凡是有修养的人，都不随便评价自己，更不会夸耀自己。他们很明白，个人的事业行为，旁人看来是清清楚楚的，好坏别人自有公道，不必老王卖瓜，与其过分夸耀自己，不如踏踏实实表示谦逊。

其实，当我们有一件值得称赞的事情被人发现之后，人们自然予以公正的评价，但若我们自我夸耀地"吹"出来，只能得到别人的讨厌和不以为然。

在我们一生中是否说过如下的话呢？

"幸好他听从我的指点，否则他不会有今日的事业。"

"这帮家伙都是白痴，不知他们整天在忙什么，我毫不费力地把它研究出来了。"

"你瞧，我这事做得多漂亮！你能做成这样吗？"

这一句句自吹自擂的话，都犹如一粒粒恶的种子，从我们的口中说出去，种在别人的心里，滋生出厌恶的幼苗。

有位成功人士，常对别人说："我仅有小学毕业的学历。"但是，他实际上却拥有高学历，他之所以贬低自己，无非是要给予别人在心理上产生平衡感，让别人觉得没有压力。

所以，他周围的朋友很多，而且都是患难之交，这样的经营方略，使他的朋友圈更是锦上添花。

英国著名戏剧家，诺贝尔文学奖获得者萧伯纳对"平等相处"有很深的体验。一次他访问前苏联，在莫斯科街头散步，遇到一位聪明漂亮的小姑娘，便与她玩了很长时间。分手时，萧伯纳对小姑娘说："回去告诉你妈妈，今天同你玩的是世界著名的萧伯纳。"小姑娘望了萧伯纳一眼，学着大人的口吻说："回去告诉你妈妈，今天同你玩的是小姑娘安妮娜。"这使萧伯纳大吃一惊，立刻意识到自己太高傲了。后来，他常回忆起这件事，并感慨万分地说："一个人无论有多大成就，对任何人都应该平等相待。要永远谦虚，这就是苏联小姑娘给我的教训，我一辈子也忘不了她！"

与人相处时，要平等待人，不高人一等、故作姿态，不自以为是，不要在别人的面前自吹自擂，把自己说得天花乱坠般完美，不要在别人的背后品头论足、说三道四和指手画脚，始终保持友好平等的姿态与对方说话和处世，才不至于伤及他人的面子和自尊心，才有可能与别人保持友好关系，才有助于你朋友圈的经营和呵护。

心急吃不上热豆腐

宽缓是一种人的个性，生来如此，谈不上是一种计策。

对于该赶紧办的事情，性子温和，行动缓慢是一个大缺点。但只要是千人共一条腿的事，急往往没有用，常常是“欲速则不达”，把事情弄糟，宽缓却可歪打正着。

事情总是出乎意料，如果“有心栽花花不开，无心插柳柳成荫”，那么宽缓就可以成为一种处世谋略。性急是为了把事情办得既快又好，如果达不到这目的，宽缓更有效，人为什么不改变自己？

经营朋友圈也是这样。

人在着急的时候，往往会变得脾气暴躁、理智失效，言行等方面也显得粗鲁无理、顽固执拗。这时候的人是最难相处的，一个不小心，引爆他的导火索，可能就会将彼此炸得粉身碎骨，这种行为是有害而无益的。

俗话说得好，心急吃不了热豆腐。当一个心急、表现出极大的焦躁不安、失去耐性的时候，往往也会失去理智，而无法客观地对事物做出正确的判断、选择。

急性子的人和慢性子的人有很大的不同，他们最讨厌的就是什么事都推三阻四、拖泥带水，迟迟得不到解决。按他们自己的一贯作风，就是说到办到、雷厉风行、痛痛快快地，行就是行，不行就是不行。他们自己是这样，所以也经常同样要求别人，包括为人处世，如果迟迟得不到回音，就会着急上火，满嘴起大泡，让别人看了也觉得心疼但却无济于事。

所以，人要在事情上有一定的灵活性，不能说风就是雨，更为别人办事留点时间，总不能一步就登天！那才是异想天开，慢慢把火热的心冷却，让它在常温下生存，这时才会激活很多火苗而且着的时间也比较长，三国时的刘备在宽缓为人处世谋略上就是一个典范。

刘备的宽缓在其一生中表现出三大关节上：

一是早年率关张在中原各豪强之间挣扎生存，忍辱负重。在没有立足之地时，到处被强大的武装集团挤压；“一山容不得二虎”却又成了曹操必除之而后快的心病，逼得他只有装痴呆装懦弱。这种在恶劣环境下的从容不迫，用他自己的话说“不与命争”，或者说叫坐等天时。

二是对待老百姓的态度。官以民为本，得人心者得天下，不在危难中抛弃百姓，不在穷困中伤害百姓。一人容千万人，千万人则拥一人。徐州、荆州百姓的态度就是见证。

三是进入蜀中，与民生息，清明政治。这使他得人望、得人才，后来居上，三分天下，称霸一方。

当他因兄弟死难，心情急迫，七十万大军下东吴，灭顶之灾也随之而来。东吴大将火烧连营数十里，终于使刘备一条老命丢在白帝城中。成于宽缓，败于急迫，刘备一生的事业是最好的证明。

心急只能使事情弄巧成拙，你越急，事情就会砸，不如心平气和，理智地去分析问题，结果就会好很多！

大智若愚，该糊涂时就糊涂

《红楼梦》中的王熙凤给了我们一个深刻的教训，聪明反被聪明误。王熙凤何等的冰雪聪明，简直就是女人中的精品，恐怕这世上有很多男人都不及她。她八面玲珑、九面处世、外柔内刚；她笑里藏刀表面向你微笑，心里却在给你下套子。一个图上她美色的贾瑞被她的计策整得一缕孤魂上青天；一个看上她老公的尤二姐被她的两面三刀给逼得吞金自尽；而她的“偷梁换柱调包计”李代桃僵，则送掉了颦儿脆弱的性命。

至于王熙凤的能耐大得能登天，整个荣宁两府在她的整治下服服帖帖，一个秦可卿出殡这样的大事到了她手里简直是小菜一碟。她能说会道，贾府上下无人不晓她琏二奶奶的。

可王熙凤却是一个精明过火的女人，精明到处处好强、事事争胜，哪儿都落不下她，终于得罪了大太太，加之贾母撒手人寰，她的靠山没了，终于落到“聪明反被聪明误，反送了卿卿性命”。

红学家们感慨这样一个精明能干的女人最终结局如此悲惨，全在于她毕竟是一介女流，毕竟没有看透官场上的处世哲学——难得糊涂。她被她的聪明、她的锋芒毕露给害了。

为人处世，是精明一点好，还是糊涂一点好，各人有各人不同的答案。但是卡耐基认为，朋友中还是“糊涂”一点好，当然这种糊涂并不是真的糊涂，而是希望我们学会一点大智若愚的技巧，避免一些弄巧成拙的尴尬。

英国首相丘吉尔频频向罗斯福发出告急求救，恳求美国伸出援助之手，面对整个社会对战争的反对态度和国会的僵硬立场、罗斯福总统心有同情却无力行动。但罗斯福一方面顺应人员的和平愿望，另一方面又以伟大政治家的智慧重视着战争形势的发展，保持对希特勒德国和日本军国主义的理性认识。在 1940 年最后的几个星期，美国国会通过了租借法案，罗斯福终于赢得了一次胜利。

终于还是日本帝国主义为罗斯福创造了这个千载难逢的“时机”。1941 年 12 月 7 日星期日，珍珠港事件爆发，日本投向珍珠港的炸弹，不但粉碎了美国舰队，同时也打破了罗斯福战争政策的僵局。当许多人认为罗斯福总统应该在他的战争咨文中详细检查一下他的对日政策时，罗斯福根本不予关注，对他来说，唯一重要的是战争这一事实本身。第二天，当他出席国会两院联席会议时严肃地要求国会宣布全国处于战争状态时，他演说中最重要的一句话就是“战争状态已经存在”。是的，高潮只有几个小时，然而它所带来的教训却是罗斯福平日的说教所达不到的。

罗斯福的“袖手旁观”，静待时机，使他面临大事不糊涂，并取得了最后的成功。

其实领导者的“糊涂学”就是做人的智慧，这包括了知、情、意三个方面的综合体现，在“知”的方面，“糊涂”就是承认人的认识的有限性，不过分依靠和卖弄自己的智慧。勿恃小智，勿弄奇巧，息竞争心，它包含了大智若愚、藏巧于拙，顺手自然、无为而治，谨言慎行、因势利导，精益求精、善于其技，虚心纳谏博采众长，居安思危、留有余地等范畴。在“情”的方面，就是安贫乐道、隐忍退让、息贪婪欲，它包含安守本分不要凡事强做，淡泊名利宁静致远，乐天知命等。在“意”的方面，就是淡泊明志、立身端方、守清正节，包含宠辱不惊、功成不居。严于律己、宽以待人，刚正不阿、洁身自好等。当然糊涂的范畴很广，我们在这里无法把所有的都涵盖，所以，真正的大智若愚还要在日常的积累中感悟。

俄国诗人普希金年轻时，有一天在彼得堡参加一个公爵的家庭宴会。他邀请一位小姐跳舞，小姐清高地说：“我不能和小孩子一起跳舞。”

普希金灵机一动，微笑着说：“对不起，亲爱的小姐，我不知你正怀着孩子。”说完，他很有礼貌地鞠了一躬后离开了她。那位高傲的小姐在众目睽睽之下无言以对，满脸绯红。

在这里，如果说这位小姐拒绝普希金的邀请是高傲的话，那么在大庭广众之中故意把一个年轻人称为“小孩子”，则实在是太无礼了。

对此普希金故作糊涂，佯装不知道对方话中的“小孩子”是指自己，却故意把对方说的“我不能和小孩子一起跳舞”，曲解为“不能和肚中的孩子一起跳舞”，既保住了自己的尊严，又给对方以极大的讽刺和打击。这样的回答，实在是太精彩了。

“难得糊涂”是糊涂学集大成者郑板桥先生的至理名言，他将此体系晋升为：“聪明难，糊涂亦难，由聪明转入糊涂更难。放一着，退一步，当下心安，非图后来福报也。”做人过于精明，无非想占点小便宜；遇事装糊涂，也就吃点小亏。但“吃亏是福不是祸”，往往有出人意料的收获“饶人不是痴，过后得便宜”，歪打正着，“吃小亏占大便宜”。有些人只想处处占便宜，不肯吃一点亏，总是把小事当作大事处理，到后来是“机关算尽太聪明，反误了卿卿性命”。

批评、忠告最好使用模棱两可的语言，多用一些“好像可能”“看来”“大概”之类的词语，显得留有空间，语气委婉一些。

当学生在课堂上回答不出问题时，老师不宜训斥学生：“你怎么搞的？昨天你肯定没有复习！”而应当模糊地说：“看来，你好像没有认真复习，是不是？还是因为有点害怕不知该怎么说呢？”且最好还应把批评对方的缺点、过错变成提出希望和目标，上面的话最好说成：“希望你及时复习，抓住问题的要领，争取下回做出圆满的回答好吗？”

当你约人见面时，为了表示尊重对方，显得亲和也要用模糊语言。比如说：“明天上午我在家，你有空就来吧！”或是说：“请您明天上午来，我在家等候您。”如果你说得很明确：“请你明天上午9点准时到我家里来。”会让人觉得有点强迫的感觉。若是约请上级、长辈和异性到家里来，这样说话就更显得没有礼貌、不客气了。

由此可见，若能巧用模糊语言，将有助于经营你的朋友圈，改善你的人际关系。

偶尔装装糊涂，好处还是很多的：

1. 方便了自己

人常说：“给人方便，与己方便。”难得糊涂无非就是给人方便，反过来，人就会对你也方便。两个过于精明的人就像两只正在酣斗的公鸡一样，非要分出个你赢我输来，这于健康的身心是没有什么好处的。

如果你是一个处处斤斤计较的人，总是圆睁双眼，提高警惕地生活，那你累不累呀？你没有身心疲惫的时候吗？你不妨像一个大智若愚的人那样难得糊涂一下！

2. 平和了自己

生活中的许多小事，如果我们采取难得糊涂的态度，睁一只眼闭一只眼，很容易大事化小，小事化了。而如果你一点都不糊涂，一是一，二是二，矛盾、冲突，甚至头破血流都有可能发生。

哥哥和弟弟为争电视频道，如果一个糊涂一下，让着对方，对方看什么就跟着看，电视嘛，哪个频道不都是娱乐，大家就会继续看电视，而不是两个人对打起来，一个恼羞成怒，用凳子砸向对方，结果闹成流血事件，可谓可悲可叹也！

生活中有很多精明的人总是喜欢揪别人的辫子，找别人的缺点，以为这样做显示自己比他人高明，实际上这种语言、行为上丝毫不糊涂却是造成两个人关系疏远、分道扬镳，甚至反目成仇的根本原因。

3. 快乐了自己

与人交往、处世的关键要使人心情愉快，而心情愉快是人际交往成功的前提，难得糊涂就可以让一个人心态平和。

如果你是一个牙尖嘴利、眼疾手快的人，你必然会发现一些别人注意不到的东西，如果你一笑置之，不加刨根问底不久你就会忘掉这些东西，而一旦你觉得自己无法不指出来，非要给他人一个明示，既弄得他人满心不快活，恐怕你自己的心也难以平静下来。

4. 人生是个万花筒

个人在那变幻之中要用足够的聪明智慧来权衡利弊，以应付变化多端的世界。但是，人有时候不如以静观动，守拙若愚。这种处世的艺术其实比聪明还要胜出一筹。聪明是天赋的智慧，糊涂是聪明的衣装，人贵在能集聪与愚于一身，需聪明时便聪明，该糊涂处且糊涂，灵活机智。孔子论人，以知、仁为别，正所谓：知者乐山，仁者乐山。知者动，仁者静。朱熹在《四书集注》中解释为：知者达于事理而周流无滞，有似于水，故乐水；仁者安于义理而厚重不迁，有似于山，故乐山。是聪明是糊涂，你选择哪一种?

心平气和，少惹是非

《红楼梦》里的林妹妹就不善与姐妹们相处，搞到最后，谁都知道她小心眼，得让着点，一次，林黛玉与贾宝玉正说话，湘云走来，笑道："二哥哥，林姐姐，你们天天一处玩，我来了，也不理我一理。"黛玉笑道："偏是咬舌子爱说话，连个二哥哥也叫不出来，只是爱哥哥，爱哥哥的。回来赶围棋儿，又该你闹幺爱三四五了。"宝玉笑道："你学惯了她，明儿连你还咬起来呢。"史湘云道："她再不放人一点儿，专挑人的不好。你自己便比世人好，也犯不着一个打趣一个。指出一个人来，你敢挑她，我就服你。"黛玉忙问是谁。湘云道："你敢挑宝姐姐的短处，就算你是好的。我算不如你，她怎么不及你呢。"黛玉听了，冷笑道："我当是谁，原来是她，我哪里敢挑她。"宝玉不等说完，忙用话岔开。

这位林妹妹的涵养实在让人没办法去承受，稍不合自己脾胃的话，便反唇相讥。更别说当面称赞别人比她好，所以，有时她病了、闷了，盼个姊妹来说话，就算姐妹们来问候她，说不得三五句话又觉得不耐烦了，虽然大家知道她受不得委屈，不苛责她，但是内心中是不喜她这么做的，以致到后来，容忍大度的宝钗成了众望所归的对象，黛玉未免落了单。

如果林妹妹心平气和，凡事不挑事端，不去得罪姐妹们，那将可真成为女人中的极品了，又有文采又有内涵，便会有另一种结局了。

当别人正在气头上的时候，你千万不能以刚克刚，添油加醋，烧旺对方的火焰，那你只能吃不了兜着走。最好的办法就是：心平气和，以柔克刚。

"以柔克刚"是孙子兵法中的一招。"以柔克刚"，是和一个大发脾气的人相处的最好办法。对方愈是发怒，愈发镇定温和；愈是紧张的场合，愈应保持头脑理智。这样，你才能发觉对方因兴奋过度而显露的种种弱点，而一一加以攻破。

这就好比瓦沟里淌下的流水，一点一滴地落在刚硬的巨石上，最初还未见得有什么现象，久而久之，巨石就会出现漏洞，并甚而断裂。这就是滴水所爆发出的威力，不可阻挡啊，滴水穿石！

“以柔克刚”它不是以硬碰硬，以刚克刚，它体现在特定的场合和特定的人物的周旋。好比走路，经常可以遇到各种障碍，对横在面前的大石头，是搬开它？绕着走？还是爬过去？只有权衡利弊，才能得出结论。这样才能胸有成竹地一一绕过它们，快速前进。

“以柔克刚”是智慧的、成功的为人、处世、用兵之道。

奥斯卡金像奖获得者——好莱坞明星保罗·纽曼，早期曾拍过一部失败影片《银酒杯》，他的家人也不留情面地把它评为“一部糟糕的影片”。若干年之前，洛杉矶电视台突然决定重新在一周内连续放映该片，显然是有意在公众面前损坏他。

纽曼对此经过冷静思索后，来个异军突起，后发制人。他自费在颇有影响的《洛杉矶时报》上连续一周刊登大幅广告：“保罗·纽曼在这一周内每夜向你道歉！”此举轰动全美，他不仅未因此出丑，反而得到绝大多数人的支持、谅解，从而声誉大增，好评如潮，后来终于获得第59届奥斯卡金像奖。

纽曼的胜利取决于冷静、心平气和和勇气。在当众受辱之后，既不火冒三丈、怒发冲冠，也不萎靡不振，他保持动态的冷静，仔细、认真地分析面临的困境和挑战，找出主要矛盾，然后奋起反击。公开坦然承认自己过去的失败，非但丝毫无损于自己的利益，反而使对方陷入被动的境地，暴露出居心叵测的险恶用心。

如何让自己心平气和地与人相处呢？

1. 轻声细语

它可以表现说话者的尊敬、谦恭、谨慎和文雅。在和别人交谈时，使用这种轻声细语可以缩短人与人之间的感情距离、密切双方的关系。有时，它还能避免一些可能会招致的麻烦。当然，用它来坚持意见、回驳别人、维护正义和尊严或表示强调是万万不能的。

2. 慢条斯理

这种语调宛如柔和的月光、涓涓的泉水，由人心底流出，轻松自然、和蔼亲切、不紧不慢，能给听者以舒适、安逸、柔和、亲密、友好、温馨的感觉。人们在请求、询问、安慰、陈述意见时常使用这种慢条斯理法，它可以弘扬男性的文雅大度和女性的阴柔之美，尤其是在抒发情感时，这种声和气的运用更具有一种迷人的魅力。

得人善待

古希腊有一位年轻的国王叫皮格玛利翁，擅长雕塑。有一次，他雕塑了一尊美丽少女的雕像，并把它当作有灵魂的人那样和它说话，爱它。结果发生了奇迹：雕像活了！变成了一位真正的美丽少女，并与他结为伉俪。

如果说皮格玛利翁的传说只是一个美丽的神话，那么，现在就让我来讲一个真实的故事。

有一位男士，他的前妻总怨他不懂呵护她又没有本事而最终与他分手。他因不打算再“浪费”另一个女人的一生而不想再婚了。后来经不住朋友的热情撮合，与一位在文化馆工作的女子结了婚。没想到婚后两人感情相当融洽，而且他自己也事业有成。

他告诉朋友：“前妻老嫌我这也不是那也不行，我对自己也没有信心了。既然我无法使她幸福，就让她找自己的幸福去吧。可现在的妻子却对我很满意的，使我愿意为她的幸福而付出。其实我还是我呀！”后来听说，他与前妻偶遇，前妻有点悔意地说：“假如你当初就像现在这样，我也不至于……”而他则幽默地说：“假如你当初就这样看我，我也不至于……”

人类的习惯之一，乃是往功成名就、优秀出色的人身边靠拢，如果能与事业有成的人构建关系，便可以巧妙利用对方那股气势。这虽然是人之常情，然而在这种情况下结识的对象，通常无法培养成牢固的人际关系。由于万事顺利时人人都想与其结识，换作对方的立场想想，就可以明白地对每一个人不可能交往太深。

那么，那个前妻也就没有什么可幽怨的了。

从人生的角度来看，人不可能一帆风顺，挫折、倒霉是难免的。当人们落难的时候，不仅自己倒霉，而且也是对周围人们，特别是对朋友的考验。远离而去的，可能从此成为陌路人；同情、帮助其渡过难关的，他可能记你一辈子。所谓莫逆之交、患难朋友，往往就是在困难时候出现的。这时形成的友谊是最有收藏价值的稀世珍品。

有一个让人深省的故事，讲的是一个贫穷的小男孩为了攒够学费，正挨家挨户地推销商品。劳累了一整天的他此时感到十分饥饿，但摸遍全身，却只剩一角钱，怎么办呢？

他决定敲下一户人家的门讨口饭吃，当一位漂亮的女孩子打开房门的时候，这个小男孩却有点不知所措了，他没有要饭，只乞求给他一口水喝。这位女孩子看到他很饥饿的容态，就拿了一大杯牛奶给他。男孩慢慢地喝完牛奶，问道：“我应该付多少钱？”年轻女子回答道：“一分钱也不用付。妈妈教导我们，施以爱心，不图回报。”男孩说：“那么，就请接受我由衷的感谢吧！”说完男孩离开了这户人家。此时，他不仅感到自己浑身是力，而且还看到上帝正朝他点头微笑。

十年之后，那位年轻女子得了一种罕见的病症，当地的医生对此束手无策。最后，她被转到大城市，由专家会诊治疗。当年的那个小男孩如今已是大名鼎鼎的霍华德·凯利医生了，他也参与了医治方案的制订。当看到病历上所写的病人来历时，一个奇怪的念头霎时间闪过他的脑际。他立刻起身直奔病房。

来到病房，凯利医生一眼就认出床上躺着的病人就是那位当年曾帮助过他的恩人。他回到自己的办公室，决心一定要竭尽所能来治好恩人的病。从那天起，他就特别地照顾这个病人。经过他查阅世界各地的医学资料，反复研究治疗方案，手术终于成功了。凯利医生要求把医药费通知单送到他那里，在通知单的旁边，他签了字。

当医药费通知单送到这位特殊的病人手里时，她不敢看，因为她害怕，治病的费用将会花去她的全部积蓄。最后，她还是鼓起勇气，翻开了医药费通知单，旁边的那行小字引起了她的注意，她不禁轻声读了出来：

“医药费——一满杯牛奶。霍华德·凯利医生。”

你怎么对别人，别人就会怎么对你！

如何得人善待呢？

1. 对症下药

在“文革”中，有一位领导被关了牛棚，没有人敢接近他。他的心情很忧郁，一度丧失了生活信心，动了轻生的念头。这时他的一个部下，不怕受连累，主动来见他，给他送东西，并开导了他，甚至狠狠地批评的他对自己不负责任的思想要不得，鼓励他，指出他前途是很有希望的。他终于坚持了下来。后来这位领导出山后，十分感谢他的这个部下，把他当成知己。这个部下得了罕见的病，他把自己的全部积蓄拿出来给他看病，后来又把他接到自己家里养起来，可见莫逆之交感情之深。

从一定意义上说，对待落魄者的态度不仅是对一个人交际修养的考验，而且也是建立真正友谊的契机。落魄者的情况十分复杂，不能一概而论，而要根据不同情况对症下药，但是别忘了一些共性的原则是应该遵循的。

所以对于落魄者最重要的是从思想感情上安慰他们，帮助他们从错误中逃离出来，这是最大的帮助。

2. 有深有浅

在与落魄者的交往时，还要注意自己态度和言行的分寸。例如，同他交谈不要用教训人的口吻，应该抱平等、坦诚的态度，这样体现出对对方的尊重，他在心理上是容易接受的。还有不要轻易地在别人的伤口上撒盐，过多地谈及他们已经无可挽回的错误会刺激他们的自尊。同时，落魄者对于自身问题的认识往往比较固执，不可能马上改变，所以，做思想工作应有足够的耐心，要允许他们有一个思考的时间，不要因他们一时想不通，就说人家不可救药，这样无助于他们改正错误，也不利于发展彼此的关系。

3. 不言放弃

当他人落魄时，不要讨厌他们，要怀着真诚的同情心和他们交往。此时与他们交往，要有正确的态度，不应表示同情，而应尊重他们，要热忱、真诚地继续当成朋友对待，使他们看到在最困难的时候有朋友在自己的身边，有助于克服苦闷思想，振作起来。

结尾又想起一个稍稍偏离但与“皮格玛利翁效应”有异曲同工之处的故事，传说苏东坡有一次拜访高僧佛印，谈得投机时，便披上佛印的袈裟问：“我像什么？”佛印答：“像佛。”然后问苏东坡：“你看老朽像什么？”苏东坡正自鸣得意，便笑谑道：“我看你像大便！”佛印笑而不答。事后，苏东坡得意地将此事告诉苏小妹，而苏小妹却给他泼了一瓢冷水，“你输惨了！”苏东坡惊问：“此话怎讲？”苏小妹答：“心中有何物事便看得何物事。佛印心中有佛，他看到的也是佛；而你心中恐怕当时只有污秽之物，你看到的自然也是大便了！”

有像皮格玛利翁那样的心，就能用皮格玛利翁那样的眼睛去看人，待人。这样，不仅使我们能与周围的人友好相处，而且还可以让自己得到别人同样的友好。不是更好吗？

该说“不”时就说“不”

陈郁是大学教师，住在校内教工单身宿舍内，平时学校的教学任务不是很重，因此，业余时间陈郁也常常给出版社或期刊编编书、写写稿子，所以每当接到一个任务后就会有段时间忙得不可开交。她的朋友倩倩，正在读在职研究生，因为学校离家很远，所以有课的时候由于回家不方便就经常住在好友陈郁那里，倩倩平时的工作也很忙，碰到学校课多作业又堆积如山的时候，她总是求陈郁帮她完成作业，陈郁为了朋友哪怕熬夜也要帮倩倩完成。但有一次的情形是，陈郁过两天就要交稿，眼看着火烧眉毛了，这时倩倩又来求救了。陈郁望着朋友无助的眼神和哀求的话语，实在下不了狠心拒绝她，但自己的事又实在是在迫在眉睫。这令陈郁左右为难。

到底该怎么办呢？是“Yes”还是“No”呢？

事实上，那些顾于情面不敢说“不”的人，其实是自己意志不坚。这些意志不坚的人，通常认为断然拒绝对方的请求未免显得太过不留情面，而若是在答应后由于客观条件，且又力不从心难履行诺言时，再改变心意拒绝对方，显然为时已晚。因为，等无法做到允诺的事情，再提出拒绝，给人的印象会是反复无常甚至需要付出相当的代价去弥补缺失或兑现承诺。如果这件事只限于个人的烦恼，还称得上不幸中的大幸，若因此事而与要求请托的对方，发生不愉快的情形，甚至产生怨恨、敌视，演变成双方人际关系上的矛盾与冲突，岂不更得不偿失？

生活中对于别人拜托你而你又力不能及的事，究竟该如何面对呢？简单地说，只要有足够的勇气和智慧，不顾忌脸面该说“不”时就说不，你就能够轻松过关了。

固然，一开始即斩钉截铁地说“不”，确实会破坏形象，然而不要因此而放弃表示拒绝的权力。即使这样做会破坏他人对自己的期望或好感也应不惜代价，何必勉强自己成为偶像型的人物呢？

人要想活得轻松，最好不去承受无谓的“人情包袱”，不要因为拒绝了别人而有愧于心，不要为说自己对别人的请求无能为力而感到难为情，不要因为扫了别人的面子而尴尬，不要违背自己的愿望去硬充大头，不要怕扮黑脸。

拒绝人家不得法，实在太冒险了。例如一个品行不良的朋友来向你借钱，你知道如果借给他是肉包子打狗有去无回；一个相熟的商人向你推销物品，你明知买下就要亏本……诸如此类的事，你要毫不犹豫地加以拒绝，可是拒绝之后，就要断交情，被人误会，甚至埋下仇恨的种子。

要避免这种情形发生，唯一的方法便是要运用些聪颖的智慧。学习这种拒绝的方法，要注意：

你应该向对方陈述自己拒绝的理由。

拒绝的言辞最好用坚决果断的昭示，不可游移。

不要把责任全推给别人，含糊其辞。

你千万不要伤害他人自尊心，否则会迁怒于人，让对方明白你的拒绝是在万不得已的情况下说出的，很是抱歉。

怎样才能既拒绝别人又不得罪他、不恶化相互关系呢？

1. 说“不”之前先倾听

拒绝对方之前先要认真地倾听。比较好的做法是，请对方把困难与需要讲得更明白一些，自己才知道如何帮他。接着表示你了解他的难处，若是你设身处地，也一定会如此。

倾听有好几个意义，倾听能让对方先有被尊重的感觉，在你婉转表明自己拒绝他的立场时，就能够有效地避免中伤他的感情，不会让人产生你在应付的错觉。

如果你拒绝对方的原因是因为自己的工作负荷过沉过繁，倾听可以让你清楚地界定对方的要求是不是你能承受的。

有时候听了他的意见，你会发现协助他有助于提升自己的能力并增加经验。这时候在兼顾目前工作的原则下，牺牲一点自己的休闲时间来帮助对方，对自己的职场生涯肯定有帮助。

2. 说“不”的态度要柔和而坚定

倾听完了，确定自己不能帮助对方时，就要柔和而坚定地说“不”，而不要模糊不清，更不能因为碍于面子而违心地先答应对方。或许你怀着侥幸心理，认为自己可以帮忙，或者你认为他自己能解决，到时候就不会找你麻烦了。这种想法千万不可取。试想，如果你先答应，但到时候不能遵守诺言，而且也耽误了对方寻找别的途径，你又如何对得住你的朋友呢？到时候一切已成定局，恐怕你怎么道歉，也无法挽回什么，尤其是你们之间的友谊！所以，当你仔细倾听了朋友的要求，并认为自己应该拒绝的时候，说“不”的态度必须是柔和而坚定的。

3. 幽默周旋

罗斯福还没有当选美国总统时，曾在海军担任要职。一天，一位好友由于好奇向罗斯福问起海军在加勒比海一个小岛上建设基地的情况。罗斯福谨慎地向四周看了看，对着朋友耳朵小声说：“你能保密吗？”“当然能，谁叫咱们是朋友呢？”朋友挺有诚意地回答。“我也能，亲爱的。”罗斯福一边说，一边对朋友做个鬼脸，两人顿时相视而笑。

可见，如果以幽默的方式拒绝，气氛会马上松弛下来，彼此都感觉不到有不快。

4. 替代拒绝

有一位老人问他隔壁的小男孩：“小明，你是愿意把梨子给伯伯吃呢，还是愿意把可乐给伯伯喝？”因为小明这时一手拿着雪梨，一手拿着可乐。没想到不到 5 岁的孩子竟说：“你快去，伯伯，我妈妈那儿还有！”

有人请你看一场电影而你并不感兴趣，你怕直说会扫他的雅兴，你不妨提个别的建议来表示你的拒绝：“谢谢，不过今晚的篮球联赛已进入决赛，我们还是看篮球赛吧，怎么样？”

当别人向你提出某种要求时，他们往往通过迂回婉转的方式，绕个大弯子再说出自己的本意，如果你在他谈到一半时就知道了他的意图，并清楚自己不能满足他的要求时，不妨把话题岔开，说些别的。让他知道这样做会让你为难，他也就会自讨没趣了。

5. 反弹拒绝

这种方法是别人以什么样的理由向你提出要求，你用什么理由进行拒绝，让对方哑口无言。在《帕尔斯警长》这部电视剧中，帕尔斯警长的妻子出于对帕尔斯的前程和人身安全着想，企图说服帕尔斯中止调查一位大人物虐杀自己妻子的案子。最后她说："帕尔斯，请听我这个做妻子的一次吧。"他却回答说："是的，这话很有道理，尤其是我的妻子这样劝我，我更应该慎重考虑。可是你不要忘记了这个坏蛋亲手杀死了他的妻子！"

6. 借口拒绝

当一位你并不喜欢的人邀请你去看电影时，你可以有礼貌地说："我老爸要我回家练球呢！"这种说法隐藏了个人的想法，而用其他原因做借口，从而减轻对方的失望和难堪。

朋友、家人、亲戚找你办事，对于那些自己深感头痛又无能为力的事情，拒绝他人总是令人难以开口，进而使自己处于左右为难的境地。所以，学会拒绝也是对自己的一种保护，对他人的一种拒绝。的确，负责别人的言语和行为，是件容易伤害感情，导致尴尬局面的事情，但在生活中如果注意话语的含蓄和否定的策略，就可以避免这些情况的发生，使生硬的否定也有一副温柔的面孔，从而在轻松愉快的气氛中完成拒绝任务。

不要随随便便生气

每当看到美元票面上华盛顿的肖像时，看着他白色卷发映衬下那平静、自信、显示着自控能力的面庞，你大概难以相信他年轻时曾有一头红发，有老虎般的脾气。要是他没有学会靠自控力改变自己的坏情绪，那恐怕就无法成为叱咤风云、率领没有受过训练的民兵战胜乔治王的军队的领袖，恐怕他也不会成为美国历史上第一任总统。

如果你偶遇门被砰然关上，玻璃杯被砸碎，被人无情地骚扰，跑关系时犯了一些不该犯的错误之时，我们的情绪会是什么样呢？

也许你会动辄怒发冲冠？你可能会认为发怒是你生活的一部分，可你是否知道这种情绪根本就无济于事反而会变本加厉？也许你会为自己的暴躁脾气辩护说："人嘛，没有个性怎么做人啊！"或者是"我要不把肚子里的气发出来，非得憋出肠炎来不可。"尽管如此，愤怒这一行为可能连你自己也不喜欢，更别说别人了。

同其他所有情感一样，情绪是你思维活动的结晶。它并不是无缘无故产生的。当你遇到不合意愿的事情时，你认为事情不应该是这样的，这时开始感到沮丧，而后，便是一些冲动的伴随动作，这总是很危险的，对办事者来说，它并没有什么好果子可吃。痛苦的感受会侵蚀掉我们的自尊。我们也许有洞察力，先见之明，后见之明。然而只要有人碰触到我们敏感的枢纽，或是悲剧发生，这些都会在一瞬间消失得无影无踪。这时我们的每一根神经就会充满感情，把所有理智的神经都抽掉。

愤怒既是你做出的选择，又是一种习惯，它是你经历挫折的一种后天性反应。

你以自己所不赞成的方式消极地对待与你愿望不相一致的现实。事实上，极端愤怒是精神错乱——每当你不能控制自己的情绪时，你便有些精神错乱。因此，每当你气得失去理智时，你便暂时处于精神恍惚状态，而这是圆满做事的大忌。

简单说那些不能控制情绪的人，给人的印象就是不成熟，像个孩子。因为，只有小孩子才会像六月里的天气，一眨眼就会下雨。这种行为发生在小孩身上，人们会说天真、淘气。但是这种现象发生在一个成年人身上，人们就不免对这个人的人格发展感到怀疑了，就算没有把他当作是神经病，至少也会认为他还没长大。如果你还年轻，尚可原谅，如果已经工作了好几年，或是已经过了三十岁，别人就会因此对你失去信心。除了认为你“还没长大”之外，别人也会认为你没有控制情绪的能力，这样的人，一遇到不顺就哭，一不高兴就生气，这样能成大事吗？这已经严重地影响到人们对你能力的评价了。

所以只要你不去纠错，你的愤怒情绪将会阻止你做不好的事情。成大事者不会让愤怒情绪成为绊脚石。历史上有好多这样的事例，他们中能压下怒火的人多就能成功，而凭着这一怒之气行事的则大多失败了。

三国时期，关云长失守荆州，败走麦城被杀，此事激怒刘备，遂起兵攻打东吴，众臣之谏皆不听，实在是因小失大。正如赵云所说：“国贼是曹操，非孙权也。宜先灭魏，则吴自服，操身虽毙，子丕篡盗，当因众心，早图中原……不应置魏，先与吴战。兵势一交，不得卒解也。”诸葛亮也上表谏止说：“臣亮等切以吴贼逞奸诡之计，致荆州有覆亡之祸；陨将星于牛斗，折天柱于楚地，此情哀痛，诚不可忘。但念迁汉鼎者，罪由曹操；移刘祚者，过非孙权。窃谓魏贼若除，则吴自宾服。愿陛下纳秦宓金石之言，以养士卒之力，别做良图。则社稷幸甚！天下幸甚！”可是刘备看完后，把表掷于地上，说：“朕意已决，无得再谏。”执意起大军东征，最终导致大败落荒而逃。

要想做一个成功的人士，要想经营好你的朋友圈，控制自己的情绪已经势在必行。

控制自己的情绪，克服自己习惯了的行为方式，压倒心中萌生的不良意念和动机，是每一个人必须做到的。只有学会克制情绪，提高自制力，才能不被情绪所左右，才能冷静地分析问题和解决问题，才能取得更大的成功。

培养自制能力最重要的一点是形成良好的、自制的生活习惯。习惯的力量是巨大的，养成一些好习惯，你会终身受益，但你要是溺于习惯而不能自制，就会不知不觉地把自己断送。因为习惯有好坏之分。不良的习惯则可以为你设下失败的陷阱，使你走向毁灭的深渊。所以，如果你能把自己身上的坏习惯都赶走，你也就具备了一定的自制能力。

感情应时时受到理智的支配，一个情绪性太强的人大多被认为神经质，这种人易给人造成一种不合群的感觉，人缘也便随之而去，只有言谈举止始终保持正常，在公开场合上随缘就方，才会在社会上取得别人的认同。这种随缘就方，是赢得好人缘的又一个原则，也是你维护朋友圈的必要手段。

做到善解人意

研究社交之道，不可忽略人性的百态，否则动辄得咎，四处碰壁。在我们的现实社会中，能够通人情、懂世故，当然会受人欢迎，到处吃得开，这是很明显的现实。

人情通达，首要条件就是“善解人意”。如果你不能站在对方立场悉心为别人着想，就永远不会交到真正的朋友，即使勉强自己去亲近别人，也只是表面上的敷衍、应酬。久而久之，别人就能洞察你的客气和笑容完全是虚伪的交际、应付，如此一来，你刻意维系的社交关系，不就等于徒劳无功吗？

善解人意是一种人与人之间沟通的桥梁。要想成就一番事业，就必须学会理解，在理解别人的同时，也获得别人的理解，这样就能有效地防止人与人之间尖锐的矛盾，建立一种相互合作的人际关系，从而找到事业上的好伙伴、好帮手。

善解人意虽不是一件难事，但要做到面面俱到，倒也不是件简单的事，因为，通达人情，不能像演算数学一样，有一定的公式可参照。不过，人情在往来之中，应在某种程度上有其基本表现，它不但代表一个人的道德修养，还说明了这个人的聪明智慧，所以，如能真诚地做到理解他人、关心他人、爱护他人，那么不管我们出现在任何社交场合，都绝不会失礼。

“当今，成千上万的推销员拖着沉重的脚步在人行道上蹒跚、疲乏、沮丧、收入不高。为什么呢？因为他们只考虑自己的愿望……如果推销员能够向我们说明他的服务或他的商品能够帮助我们解决问题，那么他用不着宣传，也用不着卖，我们就会向他买。”

卡耐基的这段话向成千上万的推销员说明了一个道理，同时也给了我们一个提醒，自己不理解别人，别人如何来理解你呢？

我们再来看看卡耐基的亲身体验，这是一篇关于卡耐基的亲历，更是警醒我们的座右铭。

多年来，我经常在我家附近的一处公园内散步和骑马，作为消遣和休息。我跟古代高卢人的督伊德教徒一样“只崇拜一棵橡树”。因此，当我一季又一季地看到那些嫩树和灌木被一些不必要的大火烧毁时，觉得十分伤心。那些火灾并不是吸烟者的疏忽引起的，而几乎全是由那些在公园野餐、在树下煮蛋和做“热狗”的小孩子们引起的。有时火势太猛，甚至要惊动消防队来扑灭。

在公园的一个角落里，立着一块告示牌说：任何使公园内起火的人必将受罚或被拘留。但告示牌立在一个偏僻的角落里，很少有人看到。公园里有骑马的警察，本应该照顾公园才对，但他们并未尽职，火灾继续在每一个季节里蔓延。有一次，我慌慌张张地跑到一位警察面前，告诉他公园里有一处着火了，希望他赶快通知消防队，但他竟然漠不关心地回答，这不关他的事，因为那儿不是他的辖区，我真失望。从此，我再到公园骑马的时候，就像一名自封的管理员那样，试图去保护公共财产。

刚开始，我并不去试着了解孩子们的想法，一看到树下有火，心里就很不痛快。

我总是骑马来到这些孩子面前。警告说：如果他（她）们使公园发生火灾，就要被送进监牢去。我以权威的口气，命令他们把火扑灭。如果他们拒绝，我就威胁说要叫人把他们抓起来。我只是尽情发泄我的怒气，根本没有顾及他们的看法。

结果呢？那些孩子服从了——不是心甘情愿而是愤恨地服从了。但等我骑马跑过山丘之后，他们很可能又把火点燃了，而且恨不得把整个公园烧光。

随着年岁的增长，我对为人处世有了更多的知识，变得通情达理，更懂得从别人的观点来看事情。于是，我不再下命令了，我会骑着马来到那个火堆前，说出这样一番话：

“玩得痛快吗？孩子们。你们晚餐想煮点什么？我小时候也很喜欢烧火堆，而且现在还是很喜欢。但你们应该知道，烧火在这个公园里是十分危险的，我知道你们几位会很小心，但其他人可就不这么小心。他们来了，看到你们生起了一堆火，因此他们也生起了火，而后来回家时却又不把火弄熄，结果火烧到枯叶，蔓延开来，把树木都烧死了。如果我们不多加小心，以后我们这儿会连一棵树都没有了。但我不想太啰嗦，扫了你们的兴。我很高兴看到你们玩得十分痛快，可是，能不能请你们现在立刻把火堆旁边的枯叶子全部拨开。另外，在你们离开之前，用泥土，很多的泥土，把火堆掩盖起来。你们愿不愿意呢？下一次，如果你们还想生火，能不能麻烦你们改到山丘的那一头，就在沙坑里起火。在那儿起火，就不会造成任何损害……真的谢谢你们，孩子们！祝你们玩得痛快。”

显而易见，善解人意绝不是用来表演以求实利的，而是在日常生活中，体现人与人之间和谐相处的精神。

俗话说得好，“日久见人心”——人非草木，孰能无情？因此，当我们以诚恳真挚的心设身处地从别人的立场出发，同时也注意到每一待人处事的细节，很自然地，别人会感受到我们的真情，也会伸出友善的双手，大家就能更友爱、更融洽、更合作，使人类社会更像一个大家庭！

肯尼斯·库第在他的著作《如何使人们变得高贵》中说：“暂停一分钟，把你对自己事情的高度兴趣，跟你对其他事情的漠不关心互相作比较。那么，你就会明白，世界上其他人也正是抱着这种态度！这就是，要想与人相处，成功与否全在于你能不能以同情的心理，理解别人的观点。”

能理解别人的人，必然在行动上宽容豁达、体贴别人，会赢得更多人的理解，从而树立一个良好的形象。

青年人要成就一番事业，没有支持和帮助是难以“独木支厦”的。只有正确认识到这一点，正确认识自己，从自身出发，乐于助人，能与人同甘共苦，这样才有机会赢得别人的帮助与合作，从而来成就事业。

要想获得别人的帮助，必须要率先做到真心真意地善解人意。

主动承认错误

人们常常不愿承认自己的错误。在人们的心中，经常认为，如果自己是无意地犯错，就小事化了。觉得承认错误是弱者的表现，而且有伤自尊，很要面子。所以，我们经常看到，有些人犯了错，不是找借口就是推卸责任，怪罪别人。但反过来，别人对我们犯错，如果对方并不承认，也不表示歉意，我想很多人都会感到不满。所以，与人相处，一方面，如果发现别人犯错，千万不可当面埋怨，应在私下很有技巧地予以提示或暗示，使其知晓，这样才能可望获取对方感激并接受指正；另一方面，自己犯错，就要主动承认，这样才能获得对方的谅解。

如果你错了，就迅速而主动地承认。有些人认为，承认错误就是表示自己有毛病。其实，人非圣贤，孰能无过。犯错不要紧，关键在于要勇于承认，并痛改前非。一个人如果错了，承认之后下一步就容易做了，至少保证了同样的错误不会再出现，否则，就会一错再错，很可能造成不可挽回的损失。良好人际关系的基础在于诚实，承认错误就是通往诚实之岸的帆船。

一个人有勇气主动承认自己的错误，不仅可以消除对方的怒气，自己也可以获得某种程度的满足感。这不仅可以消除罪恶感和自我防卫的气氛，更重要的是有助于解决这个错误所造成的后果。

高媛是名人民教师，她带有一个30多个学生的小班，孩子们其实很乖，但有时候真的很调皮，调皮得让她头疼，有一次，她感觉不舒服，她就警告班上学生，说她不舒服，他们应该好好遵守纪律。但有个男生平时就很调皮，现在仍然没有丝毫的收敛，那天他真的惹火了高媛，于是，高媛走过去大声对他说：“你到走廊上去待一会儿，我现在不想看到你。”过了一会儿，高媛意识到刚才是自己不对，有点小题大做了，感到很自责。如果，她考虑到自己作为老师的尊严和威信，很可能就这么坚持到底，一直惩罚这个小男孩。但高媛并没有这么做，她亲自出去把他叫回来，然后当着全班同学的面向他道歉："孩子们，我为我刚才脾气暴躁向你们道歉。刚才是我不对——不是他的错，我很抱歉，尤其是对不起他。我应该更耐心一点地去点化他，而不应该那么惩罚他。"然后，对小男孩真诚地说了声："对不起！"那一天剩下来的时间孩子们变得很认真，很听话，整天的学习氛围好极了！

在拥护的公共汽车上我们经常遇到这样的事：一个人不小心踩了另一个人的脚，这个人马上诚恳地向对方表示歉意，说："对不起！"被踩的人虽疼痛未消，却也表示了谅解："没关系！"同类情况，在一些冲劲儿很大的年轻乘客中有时却会出现另一种局面：踩人者无动于衷，被踩者骂骂咧咧。于是开始了一场唇枪舌剑："你没长眼睛啊？干什么踩人？""你才没长眼呢，没看见车挤！怕人踩，坐小汽车去！"你来我往，吵得不可开交。

同一件事，为什么有截然不同的态度、截然不同的结果呢？很简单，只因前者知礼，后者无礼。请不要小看这声"对不起"，它可以化干戈为玉帛，使一场令人厌烦的无谓争吵化为乌有，使一触即发的冲突销声匿迹！

礼貌是人们共同遵守的一种行为规范和道德准则，它是通往相互和谐和尊重的一座桥梁。在日常生活里，一个简单的"请"字，一声真诚的"谢谢"，一个虔诚的"对不起"，并不是多余的"形式"和"客套"，而是对人尊重、诚挚的一种感情流露，它能使人感受到亲切、舒服和愉快。

谁都不是不食人间烟火的圣人，犯点错也在所难免！美国前总统西奥多·罗斯福说过，如果他所决定的事情有 75% 的正确率，便是他预期的最高标准了。罗斯福无疑要算 20 世纪的一位杰出人物了，他的最高希望也不过如此，何况普通人呢。

人非圣贤，孰能无过。面对错误，大多数人虽然认为错了，但却没有勇气承认，或把犯错的理由推卸于别的因素。只有极少数人能够站出来，勇敢地向别人坦白："这件事没成功，是我的错……"在前者看来，承认错误意味着别人的得意，沉默和"合理的托词"意味着逃脱的责任。但是当你选择了承认错误时，你得到的真的只有惩罚吗?

列宁说过："认错是改正的一半。"那么另一半是什么呢?另一半就是采取一切可能的措施去弥补自己的过错，这不仅可以将你为错误付出的代价最小化，还可以让别人更进一步发现你的能力和潜在价值或者对你的错误予以宽恕。

一次错误，可以让你反思自己的弱点，是搜寻自己强项的开端。

雷蒙德住的地方，几乎是在纽约的地理中心点，但是从他家步行10分钟，就可以来到一片野森林。春天的时候，漫山遍野，鲜花朵朵，喜鹊在林间筑巢育子，马草长得高过马头。这块没有被破坏的林地，叫作森林公园——它的确是一片森林，也许跟哥伦布发现美洲那天下午所看到的并没有什么差距。他常常带着史旦尼到公司去散步，它是他的小波士顿斗犬，是一只友善不伤人的小猎狗。因为在公园里很少碰到人，所以，他常常不给史旦尼套狗链或戴口罩。

有一天，雷蒙德在公园里遇见一位骑马的警察，他好像急不可耐地要表现出他的权威。

他训斥雷蒙德道："你为什么让你的狗跑来跑去，不给它套上链子或口罩，难道你不知道这是违法的吗？"

"是的，我知道，"雷蒙德温和地回答，"不过我想它不至于在这里咬人。"

"别你认为什么就是什么，法律是不管你怎么认为的。它可能在这里咬死小虫子或咬伤小孩。这次我不追究，但如果下次让我再看到这只狗没戴口罩出现在公园里，那你就必须跟法官去见面啦。"

雷蒙德的确照办了——而且是好几回。可是史旦尼不喜欢戴口罩，雷蒙德也不想那样，因此他想碰碰运气。起先很开心，可惜好景不长，不久雷蒙德同史旦尼就撞上了暗礁。

一天下午，史旦尼和主人在一座小山坡上赛跑，突然间——很不幸——雷蒙德看到那位执法大人，骑在一匹棕色的马上。史旦尼在前头，直向那个警察冲去。

雷蒙德知道这下糟了，所以他不等警察开口就说："警察先生，这次你当场逮到我了，我有罪，我没有理由，没有借口了，你上星期已警告过我，再不给小狗戴口罩你就要罚我。”

“是啊！我已警告过你，为什么还要这样呢？不过你承认错了，这很好，”警察的回答变得客气了，“我知道在没有人的时候，谁都忍不住要带这么一条小狗出来溜达。”

雷蒙德回答说：“的确是情不自禁，但这是违法的。”

“这样一条小狗应该不会咬伤人。”警察说。

“不，你把事情看得太严重了，”他告诉雷蒙德说：“这样办吧，你只要吸取教训，保证今后不再这样，事情就算了。”

那位警察也是一个人，他要的是维护大家应共同遵守的准则和作为一个执法者的威信。因此，当雷蒙德犯有过失的时候，唯一能增强他自尊心的方法，就是以真诚的态度忏悔。

如果雷蒙德有意为自己推卸的话——你觉得会怎样呢？

如果你知道自己错了，免不了会受批评，何不自己先认错呢？听自己谴责不比挨人家的批评好受得多吗？如果你对自己做了谴责和批评，别人十之八九会对你予以宽大的谅解而原谅你的错误——正如那位警察对雷蒙德和史旦尼那样。

真心实意地认错、道歉，不必再推托其词，不要寻找客观原因，做过多辩护。即使的确有非解释不可的原因，也必须在诚恳道歉之后再解释一下，不应该一开始就为自己申辩。否则这种道歉不仅不会弥合裂痕，反而会加深你们之间的隔阂。

诚心的道歉，还应该语气亲和，坦诚而不谦卑，以友好的目光凝视对方，并多用“对不起”“请多包涵”“得罪了”“打扰了”等礼貌用词，道歉的语言要简洁，简单明了地表明自己的态度，如果对方表示谅解时，可表示感谢，切忌啰唆。

当对方正处在气头上，什么话都听不进去时，不妨通过第三人转达歉意，当对方“雨过天晴”时，再当面道歉；如果僵持下去，常常会两败俱伤。

如果觉得道歉的话一时实在难以说出口，可以用别的方式代替，买个小礼品，附上一封简短的道歉信托人带过去，见面时，和对方握握手，用眼光传达一下歉意也能收到微妙的效果。

道歉不要拖太久，拖拖拉拉只会让对方因为与你有一道裂痕而疏远你，甚至会导致对方跟你绝交。

要给对方时间，感情波动比较大后，对方往往要经过一段时间才能重新沉静下来，如果你请人原谅没有被当场接受，过一段时间再表达你的内疚与不安。

有时候，对许多人来说，承认错误已是很痛苦的事，但要获得友谊，这还不够，你还必须迅速及时地、真诚主动地向别人道歉。

朋友与朋友之间，相知贵在知心，彼此没有隔阂，犹如打开一本书一样，不掩饰，不虚伪，有了错就真心实意地认错，求得对方的谅解。

软硬兼施

就交际谋略而言，应当说是以软为主，所谓有话好说，遇事好商量，遇事让人三分……都是人们待人接物中常有的态度和常用的谋略。但不是所有时候软的手段都奏效，有的人就是欺软怕硬，敬酒不吃吃罚酒，好话听不进，恶话倒能让他清醒。这样，强硬的态度与手段非施行不可。

到江州渔船上抢鱼的李逵，全无道理，好话听不进，结果浪里白条张顺把他诱进水里，铁汉子黑旋风被淹得死去活来，再不敢冒失了，真正领教了逞强的苦头。浪里白条张顺，也是软的办法用尽，才来硬的，并且用计把李逵引到水里，让他英雄无用武之地。这样，张顺才可以发挥自己的硬功夫。

于娜在一家打字店工作，由于从农村出来，勤劳且比较老实。每天上班提前半小时到打字店，开始扫地擦地板抹桌子，同事们忙不过来的时候主动帮助打印。有一天，由于有事来晚了，发现其他员工们正在嘀咕："乡下人还摆架子，也不知道早来给我们打扫房间。"于娜突然意识到自己付出得很多而得到的太少了。正好这天晚上又有一位同事请她帮忙："于娜，你今天晚上帮我把这份稿子打出来吧，明天要交货。我今天晚上要去约会，我先走了，人家还等着我呢。"于娜当时说道："我今天晚上有事，不能帮你打字。"那人从来没有遭到过反驳，待在那儿愣住。于娜回答完后赶紧溜了出来，内心怦怦直跳，生怕以后关系难处。第二天，当她去上班时恰巧遇到那位同事，那位同事并没有表现出任何的异样，反而主动打招呼。从此，找她"帮忙"的人少了，当她给别人擦桌子的时候别人也会礼貌地答谢了。就这样，通过一次拒绝，换来了自己的平等和尊重。

人就是这样，不能老唯唯诺诺，还要有点个性才好，成天被别人踩在头上，自己心里不好受，别人也看不起，什么时候才能做自己真正的主人呢？所以，在人际交往中还是要该软的时候软，该硬的时候硬。

就客观情况而言，在人们的交际活动中，软与硬是相辅相成、密不可分的。如果有所偏倚，自己便要吃亏。也就是一个人如果太软，则易给人弱者的印象，觉得你好欺负，于是会经常受到别人行为、言语、态度的戏弄与嘲讽。这种现象是屡见不鲜的，因为不可能指望人们修养都那么好，公正无欺地待人，而恰恰相反，更多的人总多少有点欺软怕硬的毛病。因此，不可一味地软。

当然，与人交际，也不可太强。一个人太强，必然使人觉得他头上长角，浑身长刺，别人对他的态度就会“人狠了不逢，酒酽了不喝”。

为了生活美满、办事顺利，初入社会的人，或者过分软弱，过分单纯的人，务必要了解软硬兼施的效用，心理上有点软硬两手交替着用的谋略。

北洋军阀混战时期，整个中国乌烟瘴气，民不聊生。

这时，奉系军阀张作霖占据东北，而直系军阀曹锟占据了华北平原，双方地盘交接，时不时会有小摩擦发生，但双方在1923年前却一直没有大的纠葛。

这是为什么呢？照理说，在当时那种条件下，军阀地盘交接，除了朋友，就是敌人。其实，张作霖与曹锟还能扯上一点亲戚关系，张作霖姑妈的表侄女是曹锟的三姨太，尽管没有血缘关系，但也算有姻亲在其中，算作远亲。

曹锟有一个为人所不齿的地方，就是“势利”。这点张作霖是清楚的，早在几年前曹锟还没有当上直系统帅的时候，他就听姑妈说过，而后几次偶然的接触，更加深了他对曹锟的认识。

曹锟在当上直系的头子后，就不时地送礼给张作霖，希望他能与之合作，共同打垮其他几个军阀，而后同霸中国。开始，张作霖没有答应，而后，两次、三次……甚至曹锟动用了“亲情”，想以此来感动张作霖，但张作霖还是没有答应，照理说，在那个年代，能暂时寻得同盟也未尝不可，但张作霖就是太了解曹锟的为人，所以才不敢答应。

曹锟一计不成，又生一计，不时地向张作霖要地盘，以为张作霖不会因“一小块”不毛之地与他翻脸，但曹锟又想错了。张作霖在地盘上毫不退缩，就是一寸，也动之以武力相威胁，这令曹锟对他这位亲戚又厌又怕，毕竟张作霖背后有日本这个大靠山，拥有大量的兵源与装备。

张作霖在这方面“斤斤计较”，但也不敢太得罪这位亲戚，因此主动支持他去竞选民国总统，声称将“全力声援”。

就这样，曹锟又不得不与张作霖搞好关系，因为他需要张作霖的支持。

张作霖可谓是“软硬兼施”的高手，他在与这个“势利”亲戚交往时，让曹锟吃够了苦头，又尝到了不少甜头，令曹锟这种“势利”小人不得不主动与之处好亲戚关系。

软硬兼施、随机应变，甚至在情场上，对自己所钟爱的人，也要表现得灵活、果断、态度鲜明。而就男女双方而言，男子又更须具备这种心理素质。

从软硬两种形式与表情达意方式讲，爱一个人，真情实意，这是软的。爱上了，感情折磨着自己，要勇于向对方陈述。是委婉含蓄地表达，还是直接明白地表达，只是方式问题，但一定要敢于表达，这就是硬的策略。许多人，想爱却不敢表露，殊不知这就是窝囊。大胆地告诉对方，勇敢地争取，这正是男子汉的气概。表露之前，成败要考虑、要三思，但切不可因此作茧自缚。尽心尽力，勇敢争取了而以后失败，比无所作为，失之交臂而终生遗憾要好得多。

在夫妻之间，也须恰当地有软硬两手。闹矛盾了、翻脸了，须有一方主动认错，抚慰对方，这是软的。但如果是原则问题，感情危机，则必须坚持原则，慷慨陈词，有勇气批评自己，这是硬的。

软硬兼施，绝对能帮你做个人际交流高手！

饰外修内，毋徒有虚表

人类是过群体生活的，所以，每一个个体的努力，都会影响到社会的进步；每一个人的身心健康，也是社会康乐的基石。个体与社会，具有息息相关的密切关系，这是人类的一项特质。

我们该如何发挥这项特质呢？首先必须认识“身为万物之灵”的神圣，并仔细而冷静地观察事物的本质，培养适当判断与应变的智慧；同时，应该彻底思考并了解人生的价值与真谛，不断鼓励自己，向全人类的福祉迈进。而为了充分发挥人类休戚与共的这项特质，一定要做到正直为人，要以无私宽容的胸襟，来实现人生的真实意义。

我们不难想象，一个品行恶劣、德行腐败的人不会结识真正的朋友，获得长久的事业成功。这样的人很难与人长期合作，因为这种人不是搞一锤子买卖，就是过河拆桥。

这种人就算在家庭中，也会做出伤害感情的事情，极有可能造成对家人和孩子的痛苦和不幸。他们甚至还可能因为某种利益的驱使，铤而走险而锒铛入狱……

这种人是最失败的，要有好的朋友圈，最重要的从自身做起，培养自身的内在修养，以德立身，还必须以自律为前提，一味讲“哥们义气”并不在以德立身之列。俗话说：“近朱者赤，近墨者黑。”社会上，缺德之友最终会成为自己成功路上的定时炸弹。例如，明知这笔贷款不合正规，但因为对方是朋友，所以大开绿灯；明知这个项目不能担保，由于受朋友的委托，还是办了，最终也必然误了自己的前程。

小芬今年 24 岁，护校毕业后不到半年就来到部队一家大医院实习。外科马主任看中了小芬，想留下她。

小芬聪敏伶俐又能干，外科马主任十分欣赏她。可小芬有个“弱点”，只要认清了理，她就死钻牛角尖，直让对方服了才善罢甘休。因此科室的人对她的评价不一，有的说她固执得可爱，有的说她骄得可恨，但马主任偏偏喜欢她这种正直的良好品格，并常常说她是个好苗子。

这位马主任是难伺候的主，他平时寡言少语，护士动作稍慢了点即会挨批评。有一次，马主任亲自主刀抢救一位腹腔多脏器受伤的重伤员，器械护士正好是小芬。

复杂艰苦的手术从中午进行到黄昏。手术顺利成功，当马主任宣布关腹时，小芬突然出人意料地说：“且慢关腹，少一块纱布。”

马主任问：“多少块纱布？”小芬说：“10 块。”“现在有多少？”马主任问。“9 块。”小芬回答。

“你记错了，”马主任肯定地说，“我已经都取出来了，手术已经大半天了，立刻关腹。”“不，不行！”小芬突然提高嗓门，“我记得清清楚楚，手术中我们用了 10 块纱布。”

马主任这位资深的著名外科专家似乎生气了，果断地说：“听我的，关腹，出事我负责！”

小芬又认死理了：“你是主治医师，您不能这样做！主任，我们是救死扶伤的医生，再说这位战士是为了挽救国家财产而英勇负伤的，他是英雄啊！”她坚决反对关腹，要求重新探查。直到此时，马主任的脸上终于浮起一阵欣慰的笑容。

马主任点点头，接着他欣然松开一只手，向所有的人宣布：“这块纱布在我手里。小芬你是一位合格的手术护士，能当我的助手。”

小芬用她端正的人格赢得了事业，更重要的是她赢得了人缘。

品格，是人生的桂冠和荣耀。它是一个人最宝贵的财富，它构成了人的地位和身份本身，它是一个人在信誉方面的全部支柱。它比财富更具威力，它使所有的荣誉都毫无偏见地得到保障。

它伴随着时时可以奏效的成果，因为它是一个人被证实了的信誉、正直和言行一致的结果，而一个人的品格比其他任何东西都更显著地影响别人对他的信任和尊敬，要想成为一个真正的成功者，必须摆脱不良的意识和念头，注重自己的品格。

人世间，除了权力、金钱、声望等，还有一个给人辉煌、百灵百验的秘诀。有了它，一个人的潜能可能成倍地施展出来，这不是别的，就是正直为人的品格，它是创造奇迹的主力军。

第5章

主动靠近朋友：得道多助，失道寡助

为感情多开几个账户

生活的经验是你必须在银行里储蓄足够的金额，当急需的时候，不肯增加储蓄而只想大笔支出的人是无人理会的，这样的银行账户是根本没有的。你毫无储蓄，到需要用钱时，也就必然无钱可用，只有欠债了。但欠债总是要还的，到头来还会债务重重，压得你喘不过气来。

人与人之间的关系也是这样。每个人的心中都应该有一个银行，都设有一本感情账户。

而能够充实感情账户，使感情储蓄日益丰厚的，只能是你对他人真诚、热情的关心支持、帮助。互助互利是彼此信任的基石，没有较深的感情则没有彼此的信任。重视情感因素，不断增加感情的储蓄，就是汇集信任度，保持和加强亲密互惠的关键。

你在感情的账户上储蓄，就会赢得对方的信任，那么你遇到困难，需要帮助的时候，就可以利用这种信任，即便犯有什么错误，也容易得到别人的谅解；你即便没有说清楚，有点小脾气，对方也能理解。

这就是多开几个感情账户的好处。

这种互助互利不仅指物质利益，而且还有精神利益。作为被求的一方不一定非要你给他什么帮助和好处不可，而且人际交往的互利互惠也不同于做买卖那样必须等价交换、立即兑现。但作为求助者最好能让对方了解助人也会助已。

你请某人来帮助你搬家，说好干半天，他可能干了不到一个小时就走掉了；你拜托某人为你办理开办什么公司的手续，他也许只起了牵线搭桥的作用，具体的手续还要你自己去四处奔波……遇到这类情况，千万不要埋怨，不可指责对方说话不算数。因为事实上人家已经帮了一点忙，这就值得你表示认可和感谢。你感谢对方帮忙一小时，下回他可能会帮忙两小时，你感谢人家为你办手续探明了路线，下回他也许会好人做到底。

自己乐于助人，多主动帮助别人，会不断增加感情账户上的储蓄。如上所述，求人与被人求，是一笔人情账。尽管是人情账，无法精确地计算，但是也应当多开几个账户，存储更多的人情。

如何为你的感情多开几个账户呢?

1. 记住别人的名字

吉姆法利从来没有进过一所中学，但是在他 46 岁之前，已经有四所学院授予他荣誉学位，并且成了民主党全国委员会的主席、美国邮政总局局长。他成功的秘诀在哪里呢？原来，他把别人的名字存入了自己的感情账户。

有人去访问他，向他请教：“据说你可以记住 1 万个人的名字。”

“不。你弄错了，”他说，“我能叫出 5 万个人的名字。我在为一家石膏公司推销产品的时候，学会了一套记住别人名字的方法。”

他说这是一个极其简单的方法。他每当新认识一个人就问清楚他的全名、家里的人口，以及干什么、住在哪里。他把这些牢牢地记在脑海里。即使一年以后，他还是能够拍拍别人的肩膀，询问他太太和孩子的情况。难怪有这么多拥护他的人!

在罗斯福竞选总统期间，吉姆法利每天都要写好几百封信，给遍布西部和西北部各州的熟人。

然后他跳上火车，19 天内行程 12000 里。他每到一个市镇，就跟他所认识的人一起吃饭喝茶，向他们倾吐一番“肺腑之言”，然后又继续他的下一站。结果是：他使得罗斯福获得了众多的选民，进入了白宫。

吉姆法利说：“记住人家的名字，而且很轻易地叫出来，等于给别人一个巧妙而有效的赞美。因为我很早就发现，人们对自己的姓名看得惊人的重要。”

或许，这就是吉姆法利成为邮政局长的奥秘之一。他看到了人性的一个弱点:

对自己的名字是如此关注。不少人拼命地以任何代价使自己的名字永垂不朽。古时，一些有钱的人把钱送给作家们，请他们给自己著书立传，使自己的名字留传后世。现在，我们看到的所有教堂，都装上彩色玻璃，变得美轮美奂，以纪念捐赠者的名字。不言而喻，一个人对他自己的名字比对世界上所有的名字加起来还要感兴趣。

如果您能记住某个人的名字，并在以后再见面时能不费劲儿地一口叫出他的名字，这就是对他的一个小小的恭维，但是忘记了或记错了，那么感情账户上就会缺一笔资金。

在交际场中，经过介绍之后，往往仍会发生忘记对方姓名的事情。将管小姐说成邢小姐，或将邢小姐说成程小姐，这种张冠李戴的“乌龙”，是社交中的大忌，又是十分不礼貌的事。叫错了姓问题还不大，把小姐叫成太太，那就十分失礼而又是大大的不敬了。

遇到这种情况，不要自作聪明随便称呼对方。以下有两种巧妙得体的做法，其实都是十分不礼貌的。第一种姑且名之为“开门见山法”：“是呀，我们好像见过面，不过，我一下记不起你的尊称”；另一种是“以退为进法”：“啊！您老哥还记得我吗？”前一种说法简而言之：“你是什么人，我不认识你！”这态度简直使人反感。

从礼貌上说，这已经得罪了对方。后一种似乎不会被人看作瞧不起他，但至少低估了别人，把自己看得太重了的意思。在社交场中，上述这两种办法，都是万万不可采用的。

2. 多参加应酬

生活中的应酬，是一门人情练达的学问。为人处世，同事之间有许多事需要应酬；张三结婚，李四生日，王五喜得贵子，马六新升了职务，这些事要避当然也能避开，但别人会说你不懂得人情世故。善于社交的人，常常会伸长耳朵来打听这些事，帮人凑份子、送礼请客，皆大欢喜。为什么？因为他懂得日常生活中的应酬可以帮助在感情账户上多存储资源。

应酬是一门社交艺术，只有善用心思的人，才能达到联络感情的目的。

一位同事过生日，有人提议大家去庆贺，你也乐意前行，可是去了以后发现，这么多的人，偏偏来为他贺岁，他们为什么不在你生日的时候也来热闹一番？这就是根源所在，这说明你的应酬还不到位，你的人际关系还有欠缺的时候。要扭转这种内心的失落，你不妨积极主动一些，多找一些理由，在应酬中学会应酬。

比如过生日啊，晋升啊，生子啊，都可以。

经过自己的努力，你会发现，你的户头上会有越来越多的资金投入！

天涯海角常联络

朋友之间的感情发展，就像银行业务中的存钱，平时一点儿一点儿的储蓄，到了几年之后就有一笔钱了。朋友之间的关系同样需要维护和经营，平时互相不来往，相当于不存钱；有事才想到找朋友帮忙，相当于从存折中取钱，只取不存，存折迟早会空的。以这种方式和朋友相处，朋友之间的情感最终会枯竭，这种情况我们肯定都不愿见到。平时要多与朋友联系，感谢朋友的关心和帮助，同时也要适当地拜访朋友，主动关心朋友、帮助朋友，这样可以互增互进、培养感情。我们承认交朋友有功利性目的，但并不是朋友间的每一次来往都是以利益来估价的。朋友间的大部分交往都是出于感情交流的目的，需要一点点地累积，其实也就是不断地为你的朋友圈添加润滑剂，使你的人际关系更柔韧。

对于那些已经退休的老前辈、老上司，要设法与他们多亲近并博得他们的赏识。毫无疑问，退休者最难过的是，退休后那种门可罗雀的寂寥景象。“热庙”变成了“冷庙”，他们在心理上自然不平衡，这时若有人肯像以前那么尊敬他，他必会为之感动不已。你不妨在平时馈赠他喜欢的东西做礼物，以虔诚的态度向他请教，对于他的经验之谈，要表现出乐意倾听的姿势，使他有重温过去美好时光的感觉。退休者并不就等于没有发言权，有时候甚至还具有预想不到的影响力。对这些“冷庙”菩萨多去烧香可谓有百利而无一害。

另外，为了避免“有事有人，无事无人”的要求做法，你在日常生活中要广织“关系网”，且不要与人失去联络，不要等到有急事时才想到别人，因为“关系”就像一把剪刀，常常磨才不会生锈，若是半年以上不联系，你就可能已经失去这位朋友了。

万一由于自己的大意，而发生了这种情形，你要赶紧设法补救，最好的方法，就是学古人“负荆请罪”。因为时间、地点和情况的有所不便，你可以直接以电话或书信，和对方取得联系，并向对方解释自己疏于联络的原因，以求得对方谅解。往后，最重要的就是要重拾交情，并继续经营下去。

为了不使好不容易才建立起来的人际关系毁于一旦，你就要不厌其烦地勤于打电话、写信以及登门拜访。其实，这些对你来说，都是不费九牛二虎之力的举手之劳，在维护彼此交换情报及沟通情谊的前提下，你又何乐而不为?

如果你是企业领导人，“没事常联络”所包含的对象就更扩展了范围，在没事的时候不仅要与自己私人的朋友经常保持联络，而且要与政府、供应商、经销商等利益相关群体中的重要部门或人员联络，增进彼此的沟通。尤其要重视与政府建立良好的关系，主动与政府合作，积极与政府常来常往，勤于向政府汇报自己的构想、计划，企业的情况、困难，并经常向政府提供有关企业的信息，让政府了解企业的发展情况，通过长期来往可以培养企业与政府之间的感情，慢慢地消除或消化彼此之间的矛盾与摩擦。这对企业或自己事业的成功都非常有用。特别是当在交往中建立了良好的关系后，对企业与政府的沟通、企业问题的解决以及个人事业的成功都是很有帮助的。

很多人都有忽视“感情投资”的毛病，一旦关系好了，就不再觉得自己有责任去维护它，特别是在一些细节问题上，例如该告诉的信息不告诉，该解释的情况不解释，总认为“反正我们关系好，解释不解释无所谓”，结果日积月累，形成，难以化解的积怨。

可见，要避免“无事不登三宝殿”的现象，“感情投资”就要经常实施，不可似有似无，从生意场到日常交往以及求人请托，都应该处处留心，善待每一个关系伙伴，从小处、细处着眼，时时落在实处。

在常联络的前提下，同时，培养人际关系的时间管理也就变得重要起来。

每个人都不可能有足够的时间去应付这些联络，那如何在既省时又省力的情况下，保证关系的互通呢?

1. 分类

把与自己的生活圈子有直接关系和间接关系的人记在一个本子上，把没有什么关系的记在另一个本子上，这就像是打扑克中的“埋底牌”，把有用的留在手上，把无用的埋下去。

2. 整理

生活中一时有困难，需要求助于人，有的事情往往涉及很多方面，你需要很多方面的支援，不可能只从某一方面就能打通。

比如，有的关系可以帮助你牵线带路，有的则能够帮助你出谋划策，有的则能为你提供某种信息。虽然作用不同，但对你都可能是至关重要的，所以一定要分别整理，对各种关系的功能和作用进行分析、鉴别，把它们编织到自己的关系网中。

3. 排序

要对自己认识的人进行分析，列出哪些人是最重要的，哪些人是比较重要的，哪些人是次要的，根据自己的需要排序。这就像打扑克中要“理牌”一样，明白自己手里有几张主牌，几张副牌，哪些牌最有“杀伤力”，可以用来夺分保底，哪些牌只可以用来应付场面。

由此，你自然就会明白，哪些关系需要重点维系和保护，哪些只需要保持一般联系和关照，从而决定自己的交际战术，合理安排自己的精力和时间。

4. 调查

世界上的一切事物，都处于不断的运动、变化和发展之中。我们的人际体系，如果不随着客观事物的发展而发展，就会逐步处于滞后的、陈旧的甚至僵死的状态。因此，一个合理的人际结构，必须是能够进行自我调节的动态结构。动态原则反映了人际结构在发展变化过程中前后联系上的客观需要。

所以，要不断检查、修补关系网，随着部门调整、人事变动及时调整自己手中的牌，修补漏洞，及时进行调整，不断从关系之中找关系，使自己的关系网长期有效。

在实际生活中，需要调节人际结构的情况一般有三种：

（1）奋斗目标的发展。也许你的奋斗目标已经实现，也许你的奋斗目标变了——比如弃医从文，这需要你及时调节人际结构，以便为新目标有效地服务。

（2）生活环境的变动。在当今这样的信息社会，人口流动性空前加快，本来在甲地工作的你，忽然到乙地去工作。这种环境变动，势必引起人际结构的变化。

（3）某些人际关系的断裂。天有不测风云，朝夕相处的亲人去世了，在伤痛的同时，不能不看到人际结构的变化。

可见，调节人际结构有被动调节和主动调节两种，不管是哪种调节，都要求我们能迅速适应并经营新的人际结构。

酒席宴上无远近

何为“酒席宴”？无非“一饭”“一酒”。

其实“一饭”的真义，是指它的无形价值。换句话说，是凭借一顿餐叙来建立彼此的交情，达到沟通的目的。

由“一饭”而定友谊，往后，便可凭这份交情而得到别人的帮助，使任何困难迎刃而解。现今虽已进入讲求现实的商业社会，但人们厌恶“势利”的共同心理，还是存在的，所以，如果在平时不多结善缘，等到急难关头才“无事不登三宝殿”，四处请求救援，恐怕你只能得到别人幸灾乐祸的眼神。

中国是个礼仪之邦，有句话叫作“无酒不成礼义”，在酒席上趁着酒劲儿套近乎，相互之间也能敞开心扉，于是，在酒酣耳热之际，相互之间开诚布公的探讨就显得和谐起来。

像这样的友情，可说是“吃”出来的。有人认为吃吃喝喝的“酒肉朋友”不值一提，事实上如果“吃得好”，不但不会结交到见利忘义、一切向钱看的朋友，反而会“吃”出一大堆情同手足的朋友。

当你有了这种知交，人生不再孤独，因为朋友随时能帮你的忙，为你指点迷津、排忧解难。有了这样的人际关系，还担心没有共同创业、同甘共苦的伙伴吗？

所以说，“吃”应该算是社交应酬中最重要的人情往来。

一家网络公司准备上市，但资金上有点问题。负责此事的副经理找到了一家信托投资公司，但双方提出的条件相差太大，经过几个回合谈判都没有达成一致意见。

网络公司经理非常着急，于是亲自出马到投资公司。对方见是总经理出马，会谈显得略微和善一些，借此机会，请负责人吃饭。席间大家各说东西，不谈公事。总经理把酒打圈，酒至半酣开始讨论公事。各自诉说自己公司的难处，总经理明察秋毫，针对投资公司的为难之处，提出了大的原则……筵席散尽时，那位负责人拉着总经理的手，略有醉意地说："冯总，看到你的酒量就看到了你的豪气，也看到了你们公司的大好形势。回去我同经理商量一下，希望咱们能够进行合作。"

不久，双方就确定了大的原则，并及相关细节进行了商量，达成了协议。

利用酒席，套出对方的老底，再采取相应的对策，事情也就水到渠成了。

很多人喜欢在酒席上看他人的性格、脾气秉性来确定合作公司的形势，特别是酒为催化剂，能够使人原来的警戒淡化，从而获得情报，见机行事，当然能够得到好的效果。

的确，酒作为一种交际媒介，迎宾送客，朋友聚会，彼此沟通，传递友情，发挥着独特的作用，所以，摸索一下酒桌上的"分寸"，可以有助于增进感情，巩固关系。

大多数酒宴宾客都较多，所以应尽量多谈论一些大部分人能够参与的话题，得到多数人的参与。因为个人兴趣爱好、知识面不同，所以话题尽量不要太偏，避免我行我素，天南海北，神侃无边，出现跑题现象，而忽略了众人，也不要邻座二人长时间的窃窃私语，影响了酒宴气氛。

在应酬场合中，如果有三个人，那么其中一个人可能会是本次应酬的"次要者"。如果在应酬过程中，这位"次要者"遭到了忽视，在心里产生不被关注的感觉，那他将会非常尴尬，而且以后他便会找出各种各样的理由，拒绝出现在这样的场合。这样，你就有可能因此而失去一个可以在某个方面向你提供帮助的朋友。

不以尊卑定冷热，不以亲疏定远近，让每一个人都感到你重视他的存在，请客的目的便成功了 80%。

适当地让"次要者"参与到你们的谈话中，不仅可以打消"次要者"的尴尬，同时还可以为你赢得朋友的感情。

但是，喝酒吃饭一定要把握住自己，否则，小小的骗局将是很大的损失。

李先生是个暴发户，手边多的是现金、不动产，罗先生是个成天四处调资金、开支票的贸易商。在商场上，人人都知道李先生喜欢泡酒家、舞厅，于是，找了一个借口，罗先生特意安排了一次宴会，请李先生大驾光临，当然，地点选在某某大酒家。

酒过三巡，李先生已有几分醉意了，于是罗先生开始自吹自擂地胡侃自己的公司是如何有发展、有前途，末了还来一句“只是少了一点资金，如李先生能鼎力相助的话……”这时候，李先生身边的女秘书也张开甜甜的樱桃小嘴，一人一句：“是呀！罗先生是青年才俊哟！谁不知道他是苦干实干的人？李董事长啊，500 万对你不过是九牛一毛而已，提拔提拔后生嘛！”

好了，迷汤一灌，醺醺然、飘飘然，李先生便糊里糊涂地赠出 500 万。

这只是个司空见惯的小骗术，在这些场所，不知还有多少罪恶之事，不断在上演着。所以说，在这等地方交际应酬，能不“众人皆醉我独醒”吗？还是学学古人“唯酒无量不及乱”，保持适度的清醒吧！

酒这玩意儿既是好东西，又是坏东西，既可以为你营造一片光明，又可以把你毁于一旦，所以一定要注意分寸，既不要“势利”，也不要“贪杯”。

常言道：“自立而后立人”，又说“天助自助者”，可见我们立身处世，不能只靠别人，而任凭自己怠忽疏惰。不过社会是集体创造的，个人能力是有限的，因此，如何与人维持良好的关系，使困难时能够安渡危机，这就靠平日所做的各种努力了。

登门拜访，叙旧迎新

有的人总怕麻烦，不愿打搅别人。所以，一年半载也不会去朋友家做客，近的不去远的就更别想了，但是，登门去拜访拜访老朋友，叙叙旧，说不定还能碰到新的朋友呢，收获肯定会很大！

关于拜访的好处很多：

（1）在对方住处谈话比在公共场所气氛容易融洽，使双方都在一种无拘无束的情调里面畅所欲言，并且比较容易接触到彼此的私生活，给大家的友谊发展做了更进一层的铺垫。如果能够常到对方住处去拜访，双方的关系会很快地密切起来。

（2）到对方住处去拜访，还可以有和他的家人接近的机会。如果我们同时也结识了他的父母、兄弟姊妹、妻子儿女，或是和他同住的亲戚朋友，那么，我们与对方的关系，就更和睦，更巩固了。古语说："君子爱屋及乌。"如果我们对一个人真有好感，我们必定会对他的亲人和挚友同样产生兴趣的。

（3）容易对对方有较深刻的认识，因为对方所住的地方、对方的家人和对方家里的布置装饰等，都会使我们更加深入地认识对方、了解对方。譬如，对方家里有一架电子琴或高级音响，那多少可以知道他对音乐有兴趣。从对方所有唱碟的种类，又可以看出对方崇尚那一种音乐，是古典音乐还是流行音乐，是中国音乐还是外国音乐。此外从对方墙上所挂的图画、相片以及他所有的书籍、报章杂志、小摆设、纪念品等，都可以增进我们对他的认识。有时，对方向我们解说他的相册，那我们对他的过去也会得到更多的了解。

拜访朋友，会给你带来很多的好处，但是拜访一定要注意时间的合适性、距离的远近性、交谈的共同性、彼此融洽性，等等。

1. 要选择合适的拜访时间

最好是在工作时间内，应尽量避免占用对方的休息日、休假日或午休时间，如果没有急事，应绝对避免在清晨或夜间去拜访。拜访之前，最好以电话或通信方式与对方联系，约定一个共同的时间，使被访者有所准备，不要做“不速之客”。最好讲明此次拜访需占用对方多长时间，以便对方安排好自己的事情。凡是约定的时间要严格遵守，提前 5 分钟或准时到达，以免对方等得不耐烦。如果因特殊情况不能前往，应及时通知对方，轻易失约是极不礼貌的。

拜访对方的时间，最合适的时间多半是在假期的下午，平日的晚饭后；避免在对方吃晚饭的时间去找他；如果对方有午睡的习惯，也不要在午饭后去找他；当然，更不要在对方临睡的时候去找他，一般在晚上 9 点半以后已经不适宜去访问了。如果在晚上 11 点后还去找人，可能被认为你神经不正常。

一般人最容易犯的毛病就是过于重视自己的事情，如果得不到圆满的解决就无限制地拖延下去。结果呢，耽误了别人的时间，扰乱了别人的生活秩序，那么，就使对方产生了不良的印象，因此，很容易破坏了彼此刚建立起来的友谊。

2. 开头的客套话少不得也多不得

一见面，肯定朋友间会说一些客套话，但是客套话一般只作为开场白，不宜过长，因为过于客气显然会让人痛苦，己所不欲，勿施于人，请大家谨记这句至理名言。

开始会面时的几句客气话倒不成问题，如果继续说个不停就不太妥当了。谈话的目的在于沟通双方的情感，在于增加双方的兴趣，而客气话则恰恰是横挡在双方中间的墙，如果不把这堵墙搬走，人们只能隔着墙做极简单的敷衍应酬而已。

朋友初次见面略谈客套后，第二第三次的见面就应竭力少用那些“阁下”“府上”等名词，如果一直用下去，不在相当时间以后废去，则真挚的友谊必然无法建立。客气话的“生产过剩”，必然损害轻松的气氛。

客气话是表示你的恭敬或感激，不是用来敷衍朋友的。

如果拜访对象是熟人、老朋友，客套话过于滥用，彼此保持“过远”的距离，就会使双方都感到别扭、不舒服，甚至还可能导致相互猜疑，产生误会。长此以往，还会影响你们之间正常的友谊，甚至有可能演变至形同陌路的地步。

拜访比自己级别高的人，或握有某种权势，或拥有某种优势的人，不宜靠得很近，至于拍拍打打之举更不可随便用。否则，对方就会认为你是与他“套近乎”，或者引起对方心理警惕，或者让对方瞧不起你，或者引起旁人的嫉妒等，都会影响拜访效果。

3. 说一些平常的话

著名作家丁・马菲说过：“尽量不说意义深远及新奇的话语，而以身旁的琐事为话题作开端，是促进人际关系成功的钥匙。”

一味用令人不懂与吃惊的话，容易使人产生华而不实、锋芒毕露的感觉。受人支持与信赖的人，大多并不属于才情焕发、一鸣惊人、博得他人喜爱的人。

尤其对一个初识者，最好不要刻意显出自己的显赫。宁可让对方认为你是个善良的普通人。因为一开始你就不能与他人处于共同基础上，对方很难对你产生好感。如果你摆出一副盛气凌人的样子，别人也会用同样的态度对待你。

4. 尽量谈一些共同的话题

任何人都有这样一种心理特性，比如，同乡或同一公司的人往往不知不觉地因同伴意识、同族意识而亲密地联结在一起，同乡校友会的产生正是因此。若是女性，也常因血型、爱好相同产生共鸣。

如果你想得到对方的好感，利用此种方法，找出与对方拥有的某种共同点，即使是初次见面，无形之中也会涌起亲近感。一旦缩短彼此心的距离，双方很容易推心置腹。

5. 投其所好，“诱敌深入”

任何人都有自鸣得意的事情，但是，再得意、再自傲的事情，如果没有他人的询问，自己说起来也无优越感。因此，你若能恰到好处地提出一些问题，定使他欣喜，并敞开心扉畅所欲言，你与他的关系也会亲密起来。

心理学家认为：人是这样一种动物，他们往往不满足自己的现状，然而又无法加以突变，因此只能各自持有一种幻想中的形象或期待中的盼望，他们在人际交往中，非常希望他人对自己的评价是正面的，比如胖人希望看起来瘦一些，老人愿意显得年轻些，急欲提拔的人期待实现的一天等。

所以去拜访别人的时候，一是要察言观色、投其所好，引导对方谈一些对方得意的事情，并时时给予好的评价。

6. 谈话也要有一些爱好

表现出自己关心对方，必然能赢得对方的好感。

卡耐基认为："在招待他人或是主动邀请他人见面时，事先应该多少搜集对方的资料。这不仅是一种礼貌，而且可以满足他人的要求，使他感受到你的关心和热忱。"

记住对方说过的话，事后再提出来当话题，也是表示关心的做法之一，尤其是兴趣、嗜好、梦想等。对对方来说，是最重要、最有趣的事情。一旦提出来做话题，对方一定觉得开心。

7. 拜访时的寒暄不能忽视

拜访对方时要多利用寒暄，它是人们之间，尤其陌生人见面时的必要桥梁，似乎是上帝派来的隐身使者，能为人们搬走产生阻隔的山峦。寒暄，更为争分夺秒者赢得必要的准备时间、积极进攻或防守的力量，为拜访双方驱走冬日的严寒。由此可见，寒暄并不是使人"寒"，而是给人"暖"。

采访陈景润的湖北记者就深谙此理。他们与数学家的夫人由昆寒暄的第一句话是："听说你是我们湖北人，怎么普通话说得这么好啊？"（拉故中含赞扬，一举两得，更具魅力）由昆喜悦地回答："是吗？我跟湖北人还是讲湖北话呢！"于是，双方都沉浸在"老乡"相识的愉快之中，话语自然多了起来，气氛也活跃得多，这正是采访者所需要的。倘若语言生硬，由昆女士保持缄默，采访者怎么可能了解科学家的家庭生活呢？

拜访时，我们还要注意九点禁忌：

（1）进门前要敲门或出声打招呼。冒昧地闯入房门会使主人措手不及，让主人觉得你没礼貌、缺乏教养。

（2）初次相见，要注重自己的仪表，不然会给别人不悦之感。若有必要，给老人或小孩带点小礼品，礼轻情义重。

（3）若带有小孩，应看好不要让孩子乱闹乱翻。若主人用瓜子糖果招待，应尽量注意房间卫生。

（4）做客要有时间观念，有话则长，无话则短，不要东拉西扯，废话不断，否则，会使主人没有耐性。切记“浪费别人的时间等于谋财害命”。

（5）不要乱翻乱动主人的东西，甚至乱闯主人卧室，这样并非亲热之举，而是对主人不尊重，若触及人家隐私，岂不彼此都尴尬?

（6）若主人想留你吃饭，应考虑是否有必要，不可以就婉言谢绝；当和主人一起进餐时，应注意不要“太淑女”，也不应狼吞虎咽，旁若无人。

（7）做客既不要过于拘束，也不要轻浮高傲，落落大方才是做客应有的尺度。

（8）告别主人时，应对主人的款待表示感谢，如有长辈在家，应向长辈告辞。

（9）若主人送出大门要及时请他们留步。切忌在门口废话太多拖拖拉拉，使主人在门外站立过久。

礼尚往来

中国人素来崇尚友情，互相送礼更是友情交流的一种方式，这种礼尚往来，已经成为中国上下五千年的一个传统。

唐朝有个封疆大臣，他派一个叫缅伯高的人去给皇帝送礼，礼物是一只天鹅。这位老兄途经沔阳时想给天鹅洗一个澡，哪知，一不小心让天鹅给飞跑了。送给皇帝的“贡品”弄丢了，岂不该有杀头的罪过，吓得他号啕大哭，越哭越伤心，伤心之后，却想出了首打油诗：“将贡唐朝，山高路遥，沔阳湖失去天鹅，倒地哭号号，上复唐天子，可饶缅伯高，礼轻情义重，千里送鹅毛。”据说，他后来真把鹅毛并这首打油诗送给了皇帝，皇帝被这个故事感动了，不但没杀他，还拿美酒款待了这个马大哈。这便是“千里送鹅毛，礼轻情义重”的来历。

世事洞明皆学问，人情练达即文章。在复杂的社会里，要求得一席之地，就必须通晓人情世故，而要懂得人情世故，首先必须知“礼”。所以，孔子说：“不学礼，无以立。”

知“礼”之后，即懂得进退之道、处世之略，使你在人生奋斗的旅途上减少严重的伤害，关于创美好前景时得到较多的帮助，所以说，礼虽不大，用途可大。

具体一点说，在礼节的范畴里，送礼就是最能表现人情的方式。逢年过节送给长辈、老师、上司一份礼物，恭贺他节日愉快，对方必定欣然接纳，并会在内心称赞你的有“礼”；朋友结婚、生子，备上一份礼，并附上几句祝贺之词，必给对方带来无比的感动，在感念你的体贴周到之余，彼此的友谊也会因此增强；

至于太太或女朋友，她的生日或属于你俩的纪念日，一份别出心裁的礼物，尤其能使爱情升华。

由此可见，送礼虽然表面上是“施”，实际上却是“爱”。因为亲朋好友都接纳了你的情意，你在他们心目中已投下了“富有人情味”的印象，有人情味的人，必然受到人们的喜欢。

历史上，有一次秦桧宴请客人，主藏吏说：“蜡烛用完了，正好广东方任德送来了蜡烛，还没有敢用。”秦桧就叫他把蜡烛拿来点上。不一会儿，香气飘满房间，很是受用。仔细寻味，香气是从蜡烛中散出的。赶快下令把其余的蜡烛收藏起来。数一下，还有 48 根。把骑快马的兵卒叫来问明缘故，他回答说：“方统帅特意制造这种蜡烛供献宰相，只制造了 50 根。制造成以后，恐怕效果不佳就试点了其中的一根，而又不敢以别的蜡烛来充数，所以是 49 根了。”秦桧一听，非常欢喜，认为方任德对自己很忠心，因而对他也特别宠爱。

礼物是传达感情的桥梁。任何礼物都表示送礼人特有的心意：或感谢，或祝贺，或尊重，或爱慕，或爱或友情。所以，我们选择的礼物必须能够表达自己的心意，并使受礼者觉得礼物非同寻常，备感珍贵，以达到增强情谊的目的。人情往来中，最好的礼品是那些根据对方兴趣爱好选择的、富有价值而耐人寻味的礼品。

比如，我们为住院朋友送去一支康乃馨，定会使对方心情放松，增强战胜疾病的信心；为远方的同窗寄一册母校的照片，定能唤起他对学生时代的美好回忆；给爱好文学的朋友送上一套名著，必然使其欣喜若狂、爱不释手；为心上人送去一条漂亮的纱巾，她会含情脉脉地依偎在你的怀中……

千里送鹅毛，礼轻情义重。在打造朋友圈王国的过程中，我们一定要做个有“礼”之人，人不到礼到，结交新朋友，不忘老朋友。如此我们的朋友圈才会越来越坚固。

社交生活离不开“送礼”，也是表达感怀之意或关切之情最直接的方式。诗人黄庭坚说：“鹅毛千里赠，所重以其人。”可见礼不在大，心诚则灵。小小礼物表寸心，送给朋友的礼物更是如此。

朋友间的送礼，讲究的是礼尚往来，今天你送给我，我明天再送给你，所以，不论怎样的礼品，应来者不拒，真心收下。他来送礼，你执意不收，岂不叫人难堪？倘若你估计到送礼者别有图谋，推辞有困难，不能硬把礼品“推”出去，可将礼品暂时收下，然后找一个适当的借口，再回送相同价值的礼品。实在不能收受的礼物，除婉言拒绝外，还要有诚恳的道谢。而收受那些非常礼之中的大礼，在可能影响工作大局和令你无法坚持原则的情况下，你硬要撕破脸面不收，也比你日后落个受贿嫌疑强。这叫作“君子爱礼，收之有道”。

“鸿雁传书”

“天山阻隔，鸿雁传情”，千百年来，信函就一直是人类交流信息和感情的一种工具。

通信，是人际交往中迄今为止最古老、最实用的一种通联方式，在日常生活里，个人与个人、个人与组织、组织与组织之间都可以利用书信来传递信息，互通情报，交流思想，表达情感。

在现代社会中，随着科技的进步，已涌现出了多种多样的新型通联方式，除了电话、电报之外，还有图文电视、可视电话、语音信箱、电子邮件等。与它们相比，书信可谓既没有速度，又原始。尽管如此，万万不能认为：在当前的人际交往中，通信已经可有可无，甚至即将退出历史的舞台，“无可奈何花落去”了。

这是因为，就目前而言，在传递信息、互通情报、交流思想、表达情感诸方面，书信所发挥的某些特殊作用，还是其他新兴的通联方式所难以代替的。

举例来讲，与电话、语音信箱相比，书信尽管时效性较差，但却具有可读性与易藏性，既可以反复阅读，细心体会，又可以便于保存，收藏纪念。此外，通过书信，还可以委婉地表达一些口头上不能言语的意思，进行提醒暗示。

与电报、电子邮件相比，虽然通信速度太慢，然而费用也因此很低。更重要的是，由于它是发信人亲笔书写，所以可使收信人“见字如面”，顿生亲切之感。

总之，对现代人来说，在人际交往中适当地巧用书信，并不意味着自己落伍、守旧。与此恰恰相反，掌握必要的通信技巧，并且在人际交往中尽可能地利用书信与他人保持联络，依旧是人人要做的必行之事。

有的人埋怨自己身边知己太少，其实普通人只要有心也能知友满天下。寄信问候旅途中所邂逅之人，或者写信联络远调他方的同事以及学生时代的同窗好友等，这么一来即可不受时空限制拓展个人人际关系。总而言之，要和萍水相逢的人结缘的话，须以某种形式主动发出信息才行，这点很重要，通信是较好的方式，比通几次电话更具有亲近感。

卡耐基建议：除了公司研究会和关键人物的介绍之外，另一种培养人际关系的方法就是书写慕名信函，当然其间多少需要一些勇气。

包括所谓“关键人物”在内，社会上存在着许许多多成功人士、风趣之人。因此，无妨平日就从报章杂志、电视广播当中选取理想中人，伺机主动发出慕名信函。

一般而言，默默无闻的平民百姓即使写信给活跃于媒体的大众明星，那也仅是单纯的慕名信函，而非对等的互通信息。此人收到的类似信函想必为数众多，而您所寄发的也不过是其中之一。再者对于事业忙碌的当事人来说，书写慕名信函或许是一种难以消受的思想困扰吧！

既然如此，为何还要建议各位寄发慕名信函呢？那是因为万一你的来信感动其人之心，或万一他有来信必回的习惯。

不管怎么说，一旦不肯主动发出任何信函，绝对无法创造双方互通信息的契机。

因此姑且一试有必要，尤其当对方是位名人时更需试试。这种情形之下，如果你没什么特殊之处的话，想要期待对方回信或许希望渺茫。但也不能放过任何一丝希望。

写信就要做文章，也有一定的文法可循，譬如言简意赅、意思明白、礼貌尊人等。

1. 礼貌尊人

写信人在写信时，要像真正面对收信人一样，以必要的礼貌，去向对方表达自己的恭敬之意。其中的一个重要做法，就是要尽量多使用谦辞与敬语。

例如，在信文前段称呼收信人时，可使用诸如“尊敬的”“敬爱的”一类的称词。对对方的问候必不可少，对对方亲友亦应依礼致意。在信文后段，还应使用规范的祝福语，等等。

2. 言简意赅

写信如同作文一样，同样讲究言语简洁明快，适可而止。在一般情况下，写信应当“有事言事，言罢即止”，切勿洋洋洒洒、无休无止、空耗笔墨、浪费时间。

当然应当避免为使书信简洁而矫枉过正，走另一个极端，过分地惜墨如金，而使书信通篇枯燥无味。比方说，像“爸：没钱，快寄”这样一封某大学生写给其父的电报式家书，连起码的人情味都没有，便是简洁过头了。

3. 明白清楚

书写信函时，必须使之清晰可辨。要做到这一点，须注意以下四条。其一，是字迹应当清清楚楚，切勿潦潦草草，信手涂鸦。其二，是要选择耐折、耐磨、吸墨、不残、不破的信笺、信封，切勿不加选择，随意滥用。其三，是要选用字迹清楚的笔具与墨水。

在任何时候，都不要用铅笔、圆珠笔、水彩笔写信，红色、紫色、绿色、纯蓝等色彩的墨水也最好别用。其四，也是至关重要的一条，在书信里叙事表意时，要层次清、条理明、有条有理。切勿天马行空、云山雾罩，令人疑惑丛生，“雾里看花”。

我们前面提到的都是写信，但是当你收到信的时候，也要回信，这是对人起码的尊重。

信函有来有往。我们重视写信给人，也应重视回别人的信。

回信必须及时。晚回信也就没多大意义了。对方寄信给你，希望你有所回应，但你却迟迟不回，那封信有如石沉大海。即使你后来回信了，但一旦为时已晚，没有价值可言了。

对于他人的来信，不仅要及时给予回复，而且在回信之中，还应当善解人意地对对方来信中需要回应的问题，一一作答。

特别需要注意的是，对于他人来信之中提及的问题，如有可能，应当热心在复信中给予答复。对于确需延后回答或不能解答的问题，在复信时要说明具体理由，或者是将延后回答所需要的大致时间，及时通知于对方。不要避而不谈，或是含糊作答。

对于他人在来信之中求助于自己的问题，能够出手相助，最好竭尽所能。由于种种原因，难于相助于人的话，亦应及时复信，并在信中声明具体处境，向对方致歉，或请求对方予以体谅。

另外信有以下几种类型：

1. 感谢信

感谢信专用于答谢收信人曾经予以的帮助或支持等，可以寄送，也可写在大红纸上张贴在被感谢人所在单位，感谢信有时可不写抬头、启词、过渡词等。

2. 慰问信

慰问信多用于节庆之日或特殊背景下，向有关人员或有关单位表示安慰、问候、鼓励及关怀。慰问信往往又是对被慰问对象精神的一种赞美。所以可以公开登载于传媒或张贴于布告栏中，而单位内部的某些慰问信，还可直接寄到被慰问者家中。

3. 致意信

致意信是典型的礼仪文书，应用范围极广，祝贺、感谢、慰问、邀请等融为一体，表示一种真挚的情意。

4. 贺信

贺信可用于对各种重大事件的成功庆祝、对重要会议的召开庆祝、对纪念日的庆祝以及企事业单位、重要人士的各种庆祝事宜。贺信有长有短，一般在对某些纪念日的贺信中可加述这个纪念日的某些历史和意义，篇幅因此也可稍长。

5. 拒绝信

因公务繁忙、学习等事项，不能进行或继续致信，此类书信中，态度既要明确，又要婉转。在写明拒绝理由时，尽量从写信人方面找原因，需要说明情况时，可用“我们很遗憾地看到”说法。

6. 致歉信

交往中稍有忽略，酿成不良后果甚至恶劣影响，除了立即解决问题外，也常需要向对方去函致歉，有时还需要在公开传媒上致歉。写作这种文体，关键在于真诚。

既致歉意，可见已有不愉快的事发生，所以这类文书更重礼仪，以礼仪来消除已有的矛盾，缓冲那份紧张。同时，要真诚，一片真情才能取得对方原谅。

7. 致哀信

给逝者的家属致信，表达哀思，这种致哀信往往不同于唁电的简单，而侧重于追思。

守信践约是一种境界

诚信的基本含义是守诺、践约、无欺。通俗地表述，就是说老实话、办老实事、做老实人。人生活在社会中，总要与他人和社会发生诸多关系。处理这种关系必须遵从一定的规则，有章必循，有诺必践；否则，一个人就失去了立身之本，社会就失去运行之规。诚信自古便是中华民族优良的传统美德，是人类文明精华的思想。孔子曾说："人而无信，不知其可也"，强调"民无信不立"。历代中国人奉行的是"以信为本，以诚立业"。诚信作为一种重要的道德实质，是我们民族最宝贵的精神遗产。

季札，春秋时期吴国人，是吴国国君的小儿子。他博学多才，品行高尚，甚至是自己在心里许下的诺言，也要竭尽全力去做。

一次，季札遵照国君的旨意出使各诸侯国。他中途经过徐国，受到徐国国君的热情款待。两人意气相投，谈古论今，十分投机。

几天后，季札要离开徐国继续赶路，徐国国君设宴为季札送行。宴席上不但有美酒佳肴，而且还有优雅动听的音乐，这一切令季札十分陶醉。酒喝到兴处，季札起身，抽出佩剑，一边唱歌一边舞剑，以助酒兴，表示对徐国国君盛情款待的感谢。

这把佩剑不是一般的剑，剑鞘精美大方，上面雕刻着蛟龙戏珠的图案，镶嵌着上等宝石，在灯光的照耀下显得格外精致。剑锋犀利，是用上好的钢制成的，看起来寒光闪闪，令人不寒而栗，挥舞起来更是银光万道，威力无穷。徐国国君禁不住连声称赞："好剑！好剑！"

季札看得出徐国国君非常喜欢这把宝剑，便想将这把剑送给徐国国君作纪念。

可是，这是出使前父王赐给他的，是他作为吴国使节的一个信物，他到各诸侯国去必须带着它，才能被接待。现在自己的任务还没有完成，怎么能把剑送给别人呢？

徐国国君心里明白季札的难处，尽管十分喜欢这把宝剑，却始终没有说出，以免让季札为难。

临分手的时候，徐国国君又送给季札许多礼物作为纪念，季札对徐国国君的体谅非常感激，于是在心里许下诺言：等我出使列国归来，一定要将这把宝剑送给徐国国君。

几个月后，季札完成使命，踏上归途。一到徐国，他顾不得旅途的劳累，直接去找徐国国君。然而，出乎意料的是，徐国国君不久前暴病身亡了。

季札怀着沉痛的心情来徐国国君的墓前，三行大礼之后，对着徐国国君的墓说："徐君，我来晚了，我知道你喜欢这把宝剑，现在我的任务完成了，可以将这把剑送给您了。"说完，解下佩剑双手敬到墓前，然后郑重地把剑挂到了墓前的松树上。

跟在一旁的随从不解地问："大人，徐国国君已经去世了，你把剑送给他，他也看不到，你这么做有什么用呢？"

季札说："在离开徐国之前，我已经在心里许下诺言，要将这把剑送给徐君。从那时起，这把剑就已经不属于我了。这段时间以来，我只不过是借用，现在是来把剑还给徐君的。"

自古以来，圣贤一再地教诲我们，高迈的志节往往是表现于内心之中。就像季札，他并没有因为徐君的过世，而违背做人应有的诚信，何况他的允诺只是发生于内心之中。这种"信"到极处的行为，令后人无比地崇敬与感动。

一个人成败的根源，源于我们内心的诚与信。如果连应有的信用都做不到，那很难想象，还有什么样的事情，能够成就得了。孔子说："人而无信，不知其可也。"没有信用，就好像车子无法走动一样。《中庸》说："不诚无物。"如果缺乏真诚的心，与应有的信义，那任何的事业都很难成就。

守诚就是真实不妄、诚实不伪，是诚信的根本。曾国藩说："诚可以化育天地万物，求诚须不欺，不欺必能居敬慎独……是谓天行。"喜欢季札之剑是徐君的真实感情，赠剑与徐君亦是季札的真实想法，否则就不会有"挂剑"的故事。精诚所至，金石为开。涵养功夫当以诚为本。

第6章

朋友圈的黑名单：交朋友的心理障碍要消除

打开交际的黑匣子

地球是环状的，这是个事实，而且是个无法改变的事实，既然如此，生活在地球上的精灵们注定了彼此的依赖。依赖靠什么支撑？关系！关系靠什么支撑？交际！

现代人赋予交际越来越人性化的意义，可以说，你的交际范围有多大，那你的舞台就有多大。交际已经俨然成为你人生的一门艺术，给人的感觉若即若离，让你的心更是蠢蠢欲动：这就是交际的最大魅力——让你欲罢而不能。

为何如此呢？

生命并不是一条无限延长的直线，而需要我们不断地左转右转，挣脱束缚寻找捷径，追求属于自己的成功，雕琢自己的个性。这意味着人的本性注定了人与人的交往，决定了后来朋友圈的形成。

朋友圈，是你成功的暗码；朋友圈，是你成长的垫脚石；朋友圈，是你的未来！所以，从现在开始改变你过去的心态，尽情地去交际吧！

在我们周围，有些人就是比其他的人更成功，赚更多的钱，拥有不错的工作、良好的人际关系、健康的身体，整天快快乐乐，拥有高品位的人生，似乎他们的生活就是比别人过得好，而许多人忙忙碌碌地劳作却只能养家糊口。其实，人与人之间并没有多大的区别。但为什么有许多人能够获得成功，能够克服万难去建功立业，有些人却不行？

不少心理学专家发现，这个秘密就是人的“心态”。一位哲人说：“你的心态就是你真正的主人。”一位伟人说：“要么你去驾驭生命，要么是生命驾驭你。你的心态决定谁是坐骑，谁是骑师。”

影响我们人生的绝不仅仅是环境，心态控制了一个人的行为和思想。同时，心态也决定了自己的视野、事业和成就。心态能让你成功，也能让你失败，成功往往由那些抱有积极态度并付诸行动的人所赢取。对同一件事持有两种不同的心态则通常会陷入艰难的困惑中而越陷越深，总之心态决定人的命运，心态是你真正的主人。

好的心态，可以超越困难，突破阻挠；好的心态，可以粉碎障碍；好的心态，终将达成你的期望。

梦想是成功的起跑线，心态则是起跑时的枪声。行动犹如跑步者全力的奔驰，唯有坚持到最后一秒的，方能获得成功的锦旗。

有多少人在迷宫般、无法预测也乏人指引的茫茫人海中迷失了方向。他们不断触礁，可是别人却技高一筹地继续航行，安全度过每天的风险，平安抵达成功的彼岸。为了保持正确的航线，为了不被沿路上意想不到的障碍和陷阱困住或吞噬，你需要一个可靠的内部导引系统，一个有用的罗盘，为你的人海困境中指引出一条通往成功的康庄大道。可悲的是，太多人从未抵达终点，因为他们借助坏了的罗盘来航行。这坏掉的罗盘可能是扭曲的是非感，或是蒙蔽的价值观，或是自私自利的意图，或是未能设定目标，或是无法分辨轻重缓急，总之形形色色。聪明人利用罗盘，可以获得恒久的成功；有智能的卓越人士，选择可靠的路线，坚定地向前行进，可以渡过周围的危险，顺利抵达彼岸。

你愿意静待生命中的风暴，甚至甘心遭它所席卷，而无怨无悔？抑或立即在心境上挣开环境的束缚，获得追求成功的自由？从这两者之间做出选择并不困难，困难的是我们有没有胆量去打破已有的格局。

“世上没有比恐惧更可怕的事情……我们唯一要害怕的是害怕本身。”这是美国哲学家亨利・梭罗的一句名言，现实中的许多事情应验了这句话。

对于交际，你没有必要去害怕，大胆地去与人沟通吧，露出你灿烂的微笑！

社交恐惧症

弗洛姆是美国一位著名的心理学家。一天，几个学生向他请教：心态对一个人会产生什么样的影响？他微微一笑，什么也不说，就把他们带到一间黑暗的房子里。在他的引导下，学生们很快就穿过了这间黑乎乎的神秘房间。接着，弗洛姆打开房间里的一盏灯，在这昏暗的灯光下，学生们才看清楚房间的布置，不禁吓出了一身冷汗。原来，这间房子的地面就是一个很深很大的水池，池子里蠕动着各种毒蛇，包括一条大蟒蛇和三条眼镜蛇，有好几只毒蛇正高高地昂着头，朝他们吐着信子。就在这蛇池的上方，搭着一座很窄的木桥，他们刚才就是从这座木桥上走过来的。

弗洛姆看着他们，问："现在，你们还愿意再次走过这座桥吗？"大家你看看我，我看看你，都不敢回答。过了片刻，终于有三个学生犹犹豫豫地站了出来。其中一个学生一上去，就异常小心地挪动着双脚，速度比第一次慢了好多；另一个学生战战兢兢地踩在小木桥上，身子不由自主地颤抖着，才走到一半，就挺不住了；第三个学生干脆弯下身来，慢慢地趴在小桥上爬了过去。

"啪！"弗洛姆又打开了房内另外几盏灯，强烈的灯光一下子把整个房间照耀得明亮无比。学生们揉揉眼睛再仔细看，才发现在小木桥的下方装着一道安全网，只是因为网线的颜色极浅，他们刚才都没有看出来。弗洛姆大声地问："你们当中还有谁愿意现在就通过这座小桥？"学生们没有作声，"你们为什么不愿意呢？"弗洛姆问道。"这张安全网的质量可靠吗？"学生胆战心惊地问。弗洛姆笑了，"我可以解答你们的疑问了，这座桥本来不难走，可是桥下的毒蛇对你们造成了心理威慑，于是，你们就失去了平静的心态，乱了方寸，慌了手脚，表现出各种程度的胆怯——心态对行为当然是有影响的啊！”

其实，打破心中的瓶颈，就可以排除一切障碍。所谓瓶颈，也就是心理作用。

恐惧是伴随着人的成长全过程而萌生的。有些恐惧是随着人生经历逐步征服，有的恐惧是随年龄的增长又逐步增加。

恐惧是正常的，在这个世界上，还没有人心中无所畏惧，有些恐惧并不可怕，可怕的是为怕所负、为怕所累和为怕所陷。

一个人，如果整日处于一种或多种恐惧中而又不能放松地生活，久而久之，就会患上精神恐惧症。

恐惧所产生的后果，在大多数情况下是自我伤害。恐惧有害，如果一个人对某一事物由一般的害怕发展到严重恐惧，就会造成个人悲剧。

一个法国电气工人，在一个周围布满高压电器设备的工作台上工作。他虽然采取了各种必要的安全措施来预防触电，但心里始终有一种担心，害怕遭高压电击而送命。有一天他在工作台上碰到了一根电线，立即倒地而死，身上表现出触电致死者的一切症状：身体皱缩起来，皮肤变成了紫红色与紫蓝色。但是，验尸的时候却发现了一个惊人的事实：当那个不幸的工人触及电线的时候，电线中并没有电流通过，电闸也没有合上——他是被自己害怕触电的自我暗示杀死的。

一个人能否成功，就看他的态度了。成功人士与失败者之间的差别是：成功人士始终用最积极的思考、最乐观的精神和最辉煌的经验支配引导自己的人生。失败者则刚好相反，他们的人生是受过去的种种失败与疑虑所控制和支配的。

心态问题真的很重要，在生活的哪一种场合都离不开它，它是我们的开路先锋，尤其在公众场合，心态尤为重要。因为在如今快节奏的现代生活中，社会交往日益增多，社会交往的成败往往直接影响着人们的升学就业、职位升降、事业发展、恋爱婚姻、名誉地位，因而使人承受着巨大的心理压力。这样很容易产生焦虑情绪，造成心神不宁，焦躁不安，影响其工作和生活。

例如，有人做事急于求成，一旦不能立竿见影地取得所谓成功，就气急败坏，从精神上“打败”了自己，从此一蹶不振。

什么叫社交恐惧症、社交焦虑症呢？步入社会，在人前易脸红的毛病苦不堪言。其实这种症状的人知道并没有什么可怕的，也想改变自己，自如地与人交往，但就是做不到。有时同不太熟悉的人交谈，本来还好好的，突然心里“咯噔”一下，心跳加快，一股热血直往脸上冲，自己难堪不说，还叫别人莫名其妙，常常被别人笑话，致使与人交往时几乎成了惊弓之鸟。但又渴望与人交往，在自己的身体里常常经历着两场自相矛盾的战争：一个害羞、胆怯、缺乏自信，一个则强迫自己挑战自己。所以感到生活真是太深重、太累了，这是患上了一种叫“社交恐惧症”的心理疾病。

对于多数人尤其是心理有恐惧症者而言，与陌生人见面往往产生一些不自在的苦恼。其实胆怯无关乎个性，往往是由于接触的经验不够，进而排斥他人。但若能进行自我训练，积累与他人相处的经验，即使无法改变自己的个性，亦不至于以与他人接触脸红而苦恼。

生活中我们与陌生人会面时所以会感到脸红紧张，原因之一便是觉得无话可说——找不出话题的约会的确令人痛苦。其实，此种想法并不正确。因为与陌生人会面的恐惧心态，所以绝不愿多接触不认识的人那些，又怎能了解与人交际的乐趣呢？事实上，因相见而遭受严重挫伤的情形可能是少数，若是因噎废食，让自己过着封闭的生活，岂非得不偿失？所以，放开胆子，与人交往，融入社会，这才是明智之举。

克服恐惧看起来非常困难，但改变却在一念之间。其实，生活中有很多恐惧和担心完全是我们内心里想象出来的，想要驱除它必须在潜意识里彻底根除。

一般恐惧社交的人，潜意识里都有把枷锁束缚着自己。

1. 害怕“注定会失败”的枷锁

这是一种非常普遍的心理。一旦失败，便将自己初始的动机统统的扼杀，他们不断重复着说：“早知如此，何必当初！”他们因此把自己看得渺小，觉得自己没有什么用！要知道，世上绝没有后悔药。为了摆脱“注定会失败”的枷锁，你需要改变思想，清洗脑筋，思想本身会左右事情的发展。你不妨保持积极的态度。切莫在不经意中将自己的创新意识彻底否定，那是你最珍贵的东西。想着“我一定要成功”而不是会失败，寻找助你成功的方法，你会发现你能左右自己的思想，同样也能左右自己的行动。

2. 担心“别人会怎样想”的枷锁

对失败，“别人将会有什么看法”，这的确是一种最经常而且最具自我毁灭性的心理状态。这种“别人”式的想法是一种强而有害的枷锁。它会损害你的创造力和人格，把你原有的能力破坏殆尽，使你故步自封。为摆脱这种“别人”式的枷锁，你不妨想一想，“别人”并不是“先知先觉”，他们往往是“事后诸葛亮”。你应该记住：走自己的路，让别人去说吧！

3. 背着“过去错误”的枷锁

许多人都害怕再次尝试，因为他们曾经失败过，而且受了重伤，正所谓“一朝被蛇咬，十年怕井绳”。但是，对每一位有志之士来说，没有必要对过去所犯的错误耿耿于怀，从而阻止自己再次突破，如果你能将自己的失败看成是很有价值的教育投资的话，那就可以重新开始了。

当你失败了再站起来，或许精神焕发，这个枷锁会加重你的负荷，使你步履维艰甚至压得你喘不过气来，只有把它们卸下来，才能轻松自如地去奋斗，向着你的目标勇往直前。

4. 认为“为时已晚”的枷锁

许多失败者相信自己太晚了，已无法挽回，无法再创业了，因此，一蹶不振，成天把自己用酒精泡着，用烟雾熏着。这种“为时已晚”的枷锁，带在各式各样的人物身上：一个 28 岁的人做生意亏了本就自认为无法东山再起；一个 50 岁的寡妇自认为太老无法再婚；一位 15 年前没有扩大业务的厂长要想重新开始投资却认为时过境迁。为了戒除这种“为时已晚”的枷锁，你可以多观察那些社会生活中的活跃人物，而不去理会年龄的约束，并下定决心，不断奋斗，重新开始永远为时不晚。

如何摆脱这些枷锁的束缚呢？

第一，态度积极而无怨无悔乃是保持身心健康的最好方法。如果能长久保持，还需要禁止一切不当的行为，并设法放松，使自己心情开朗。

为取得成功，还必须随时鞭策自己前进，但不可因此让自己的情绪变得紧张而直接影响精神状态。

第二，让自己经常处于松弛状态。羞怯的人常常过于关心自己的表现会引起他人怎样的反应，因此心情常处于紧张状态。当你与人交往处于羞怯或紧张气氛中时，应尽量用玩笑或幽默来自我解脱。当你脸红时应尽量忘却它，不要担心别人是否会在意——其实你在别人的心目中，并不如你自己所想的那么窘迫，那么让他们注意。如果你能把注意力集中到你所应当注意的人或事上，你便会渐渐忘记自己的不自在。心理学家认为，松弛是克服羞怯心理的克星。

第三，扩大人际交往。悲观的人周遭大部分都是悲观者，而乐观的人身边亦多为乐观者，因此要想改变命运，你必须要向乐观者学习。不要拘泥于自我这个小天地里，应该置身于集体之中，多与人沟通，多交朋友，尤其多和精力充沛、充满生气的人相处。这些洋溢着生命活力的人会使你更多地感受到事物的新鲜和美好。

第四，锻炼人际交往中的亲和力。世界已经进入了合作的时代，一个人的人格魅力在修养、在内心，学会“人合百群”是新世纪社会交往的要求，应摒弃“物以类聚，人以群分”和“酒逢知己千杯少，话不投机半句多”的陈旧观念。

努力培养自己的人际沟通亲和力，不妨每天出门之前，面对镜子微笑，还有培养一种为人服务的态度。

当你培养了一种为他人服务的处事态度，你就会与众不同，就会成就更大的事业。为他人服务的态度正是我们所缺少的东西，而正是这种东西可以让你无比富有。

害怕社交的人，请把“不可能”从你的字典里去掉，永远也不要消极地认定有什么事情是不可能的。要自信地认为你能，大胆地去尝试、再尝试，然后你就会发现你确实能。

克服自卑

刘孟林，是某工厂技术工人。他从小就十分“害羞”，“怕见生人”，他母亲说：“投错了胎，前辈子一定是个女孩。”他上学也不太乐意跟同学交往。父母根据他的性格，让他干了技工这一行，因此不需要跟人过多地打交道。但随着上班以后摆弄机器的时间增多，李孟林越来越少与人交往了。他有时间就躲在机房里，回家也躲在自己房间看书、听音乐。到了该谈朋友的年龄，父母开始着急，因为他从不主动跟女孩子交往。父母四处找人给他介绍对象。结果，他一见女孩子更是满面通红，说话也成结巴了。结果别人嫌他太木。他自己也觉得很失败，变得更紧张，可越紧张越严重，到后来，女孩子问他话时，他连一个字都说不出来。这样一来二去，他的情况越来越严重，害怕在公共场合被人注意，尤其当众讲话、当众写字、食堂用餐以及使用公共厕所之时，都会心情紧张、心慌气短、大汗淋漓，产生一种明知过分却又无法控制的恐惧感。他不敢与别人对视，与人谈话时总是避开别人的目光，似乎自己做了什么亏心事；见人就脸红，一脸红就更害怕别人笑话他没出息，紧张得脸更红了。他觉得不仅自己周身不自然，而且也让别人不自在，他总想克制自己的这些情绪表现，可是每次都不奏效，他生怕自己这样下去会变成精神病，于是就逃避这些令人紧张的场合。

现代社会，交际能力愈来愈显得重要，但相当一部分人就像李孟林一样，有不同程度的羞怯导致的心理障碍，从而影响了与他人的沟通交流。

据权威人士总结，羞怯心理有以下几种表现：

1. 不善于结交朋友，于是常感孤独，常因不能与人融洽相处或充分发挥自己的才干而苦恼；不善于在各种不同场合对事物坦率地发表个人意见或评论，因此不能有效地与他人交换意见，给人拘谨、呆板的感觉。

2. 站在陌生人面前，总感到有一种无形的压力，似乎自己随时被人监视，不敢迎视对方的目光，感到极难为情。

3. 与人交谈时，面红耳赤，心里发慌。即使硬着头皮和人说上几句，也是语无伦次，结结巴巴的。

4. 常感到自卑，在工作和生活中往往不是考虑取得成功，而更多地是考虑不要失败。

自卑，就是自我评价过低，自己瞧不起自己，是一种人格上的缺陷，一种失去平衡的行为状态。自卑常以一种消极防御的方式表现出来，如嫉妒、猜疑、羞怯、孤僻、迁怒、自欺欺人、焦虑紧张、不自在等。自卑使人变得十分敏感，经不起任何打击。

自卑对人的心理发展有很大影响。心理学家阿德勒认为，每个人都有先天的生理或心理欠缺，这就决定了每个人的潜意识中都有自卑的因素存在。但处理得好，会使自己超越自卑去寻求优越感，而处理不好就会形成各种各样的心理障碍或心理疾病。另外，自卑容易抵消人的意志，就像一把潮湿的火柴，再也燃不起热烈的火花。而长期自我封闭的人，不仅心理活动失去平衡，而且也会诱发生理失调和病态，最明显的是自卑对心血管系统和消化系统有不良影响。

所以，在社交场合中一定要克服自卑的心理。

一位和尚跪在一尊高大的佛像前，无精打采地背诵经文。长期的修炼并未使他修成正果，他为此而苦闷、彷徨，渴望解脱。正好，一位驰名中外、云游四海的哲人来到了他身旁。

"尊敬的哲人，久仰久仰！弟子今日有缘见到你，真是前世造化！"和尚来不及站起，激动得颤颤巍巍地说，"今有一事求教，请指点迷津：伟人何以成为伟人？比如说，我们面前的这位佛祖……"

"伟人之伟大，是因为我们跪着……"哲人从容地讲开了，声如洪钟，萦绕殿堂。

"是因为……跪着？"和尚怯生生地瞥了一眼佛像，又高兴地望着哲人，"这么说，我该站起来？"

“是的！”哲人向他打了一个起立的手势，“站起来吧，你也可以成为伟人！”

“什么？你说什么？我也可以成为伟人？你……你……你这是对神灵、伟人的贬损！”说着，和尚双手合十，连念了两遍“阿弥陀佛”。

“与其执着拜倒，弗如大胆超越。”哲人像是讲给和尚，又像自言自语，头也不回地走了。

“超越？呸！”和尚听了哲人的话如五雷轰顶，“这疯子简直是亵渎神灵、玷污伟人！罪过！罪过！”说着，虔诚之至的他补念了一遍忏悔经。

哲人的话很有道理，难道不是吗？为什么自己不做自己的主人，而要成天给别人跪着，甘愿自卑到底呢？

过去你失败过多少次并不要紧、重要的是吸取、强化和专注成功的尝试。查尔斯·凯特林说过，任何一个年轻人如果想要成为科学家，都必须准备在获得一次成功之前九十九次的失败，而且不因为这些失败而损伤自我。

伟人都对自己有超乎常人的信心。英国诗人华兹毕斯毫不怀疑自己在历史上的地位，他预见到自己将来的名声。恺撒一次在船上遭遇暴风雨，艄公非常担心，恺撒说：“担心什么？你是和恺撒在一起。”

学会自我称赞，自我欣赏，培养自信，坦然对待不良侵袭，以保持情绪稳定，克服自卑。

如果你充满信心，“结果”就会朝好的方向走。有位成功人士说过这样一句话：“如果你知道要往哪个方向去，世界会为你让出一条路来！”

学会同各种各样的人打交道，关键时刻表现自己。要培养自己与不同性格、不同气质、不同年龄的人打交道的胆量与能力。向经常见面但说话不多的人如商场清洁员、保安等问好；与人交往，特别是与陌生人交往，要善于使紧张情绪放松。遇到聚会、联谊时要善于寻找时机与周围的人攀谈，关键时刻要勇于表现自己。如主持会议、晚会、演讲会等，让那些不了解你甚至看不起你的人刮目相看。使用一些平静、放松的语句，进行自我调整，常能起到缓和紧张情绪，减轻心理负担的作用。

第7章

珍惜朋友资源：绕过朋友圈的雷区

小肚鸡肠须谨慎

妒忌之心人皆有之。就一般中国人而言，总是愿意大家彼此差不多，他好我也好，否则就会是“枪打出头鸟”。而这句话也是说那些在日常工作中因为有特殊才能或特殊贡献而出类拔萃的人，往往容易成为受嫉妒的对象。古人云“木秀于林，风必推之”，所以要是谁在哪一方面出人头地，便往往会受到人们的攻击，更有甚者，由于妒忌心重还可能给你下陷阱，让你生活在一种无形的压力之下，时时处处都有障碍，让你人做不好，事干不成。可以说妒忌是人世间一种非常有害的心理，它可以使妒忌者形成一种非常丑陋的心态，使妒忌者走向一条狭窄的人生道路，也使受妒者受到极大的伤害。

日常生活、工作中，妒忌是无时不有、无处不在。妒忌的形式也是多种多样的。朋友之间，同事之间，同学之间，甚而兄弟姐妹之间，都会出现妒忌现象。由于每个人所处的社会背景、家庭环境不同，所获得社会和他人的评价也就相应不同。人在一起工作生活，自然要相互攀比，而妒忌也就是通过比较，看到他人的卓越之处，看到他人的成功之处，而使自己产生了羡慕、苦恼和痛苦，于是对别人的才能、地位、名誉优越于自己而产生了恨意，小肚鸡肠便存在了。

美国总统罗斯福在还没成功之前，就已经是一个心胸开朗、光明磊落的人，深得亲友敬重。

一次，罗斯福的手表不翼而飞，他四处寻找，发现是邻居偷了他的表。证据确凿之后，所有的人都等着看好戏，看看那位邻居会得到什么样的下场。但是罗斯福却一直毫无动静，既没有找那位邻居讨回他的手表，也没有再追究这件事，整件偷窃案就这么不了了之。

后来，邻居之中有一名好事之徒实在憋不住了，他好奇地询问罗斯福，为什么不把这件事情查个水落石出，弄个清楚明白呢?

罗斯福回答他说："如果我去找他理论，或许可以把手表要回来，但是大家以后见了面却会十分尴尬，对我来说也得不到什么好处。我相信只要我做得很好，别人就不会再找我麻烦，大家可以和乐地相处，那么损失一只手表，又有什么关系呢？"

罗斯福一直以和谐融洽为生活宗旨，他从小地方做起，培养自己坦然开阔的心胸，无论遭遇到任何困难也不会轻易地放弃。

他这样的胸襟长存于每位美国人民的心目中，永垂千古，宽宏大量的气度至今仍令人回味无穷。

人们常为了一些鸡毛蒜皮的小事争执不休，徒然浪费许多有限的精力而一无所获。这是小肚鸡肠的表现。

世界上没有任何一件事比"和平"来得可贵，人与人之间的争吵、欺诈、斗争、迫害，都只是浪费精力与时间而没有意义的事情，与其得理不饶人，不如自己先退后一步，使别人知难而退，自然也就平息了这场纠纷。

罗斯福最了不起的地方，是他达到了宽容大度的境地，没有怪罪别人，而是先检讨自己，认为只要做好自己的本分，就不会有人再来挑衅。

理直不一定要气壮，得饶人处且饶人，太过执着于是非对错，只会使小肚鸡肠的人更难以自容。

阿拉伯名作家阿里，有一次和吉伯、马沙两位朋友一起旅行。三人行经一处山谷时，马沙失足滑落，幸而吉伯拼命拉他，才将他救起。马沙于是在附近的大石头上刻下了："某年某月某日，吉伯救了马沙一命。"三人继续走了几天，来到一处河边，吉伯跟马沙为了一件小事吵起来，吉伯一气之下打了马沙一耳光。马沙跑到沙滩上写下："某年某月某日，吉伯打了马沙一耳光。"

当他们旅游回来之后，阿里好奇地问马沙为什么要把吉伯救他的事刻在石上，将吉伯打他的事写在沙上？马沙回答："我永远都感激吉伯救我，至于他打我的事，会随着沙滩上字迹的消失，而被我忘得一干二净。"

把心胸放宽一点，该留的留，该舍的舍，不要什么事情都斤斤计较，那样你的生命也会延长一点。

迈克尔·乔丹是驰名世界的篮球明星，他在篮球场上的高超技艺无人不知，而他待人处世方面的品格更让人称道。皮蓬是公牛队最有可能声望超越乔丹的新秀，但乔丹没有把队友当作自己最危险的对手而嫉妒，反而处处加以赞扬、鼓励。

为了使芝加哥公牛队连续夺取冠军，乔丹意识到必须推倒“乔丹偶像”以证明“公牛队”不等于“乔丹队”，1 人绝对胜不了 5 个人。一次，乔丹问皮蓬：“咱俩 3 分球谁投得好？”“你！”皮蓬说。“不，是你！”乔丹十分肯定。乔丹投 3 分球的成功率是 28.6%，而皮蓬是 26.4%，但乔丹对别人解释说：“皮蓬投 3 分球动作规范、自然，在这方面他很有天赋，以后还会更好，而我投 3 分球还有许多弱点！”乔丹还告诉皮蓬，自己扣篮时多用右手，或习惯用右手帮一下，而皮蓬双手都行，用左手更好一些，而这一细节连皮蓬自己都没有注意到。乔丹把比他小 3 岁的皮蓬视为亲兄弟，“每回看他打得好，我就特别高兴；反之则很难受。”乔丹的话语中流露着他们之间的情谊。

正是乔丹这种心底无私的宽广，树立起了全体队员的信心和凝聚力，从而取得了一场又一场胜利。1991 年 6 月，美国职业篮球联赛的决战中，皮蓬独得 33 分，超越乔丹 3 分，成为公牛队这个时期的 17 场比赛得分首次超过乔丹的球员，这是皮蓬的胜利，也是乔丹的胜利，更是公牛队的胜利。

相反，恶意的嫉妒像把锐剑，给人带来重大伤害。1981 年 11 月 3 日的《人民日报》曾刊出令人震惊的消息：北京化工学院一位姓王的副教授由于取得重大科研成果，受到周围一些人的嫉妒、冷遇、讽刺，以致被逼疯了！

嫉妒往往是一个人才能意志不足的体现。伏尔泰说：“凡缺乏才能和意志的人，最易产生嫉妒。”因为自己技不如人，就只能用嫉妒的心理去排解心中的不满，一旦任由嫉妒心理发展，你就会疏远那些各方面比自己强的人，到头来不仅会孤立了自己，而且也妨碍了自己的前进。

孤芳自赏须谨慎

人类是群居的动物，谁都不能离群索居，既然我们是社会中的一分子，就不该与社会的纪律背道而驰，就不能不顾他人的立场，为所欲为。生活在这样复杂的社会中，必须尽可能与其他人，例如上司、同事、下属等，齐心协力地开拓业务，使自己的团体生活更加和谐。

但所谓的同心协力，并不是连自己的灵魂也献给团体，或是抹杀了自己的个性，将自己完全融于团体的大熔炉里。虽然在团体中发挥集体主义精神是非常重要的，但我们不能为了附和团体的行动而失去自我的个性。我们依然要培养独立自主的性格，意即要以“同流不合污”的精神，参与社会生活。

世界上没有谁是全才。有的人可能在建筑上有所建树，有的人可能文学上有所作为，也有的人在政治上能闯出一番天地。正是有人此一方面是行家，有人彼一方面是专家，这世界才这么和谐。

所以，我们不可苛求自己在每一个领域都能干得轰轰烈烈，更不要以为自己在某方面有了成就之后，就认为自己各个方面都会干出成就，孤芳自赏。这往往会导致社交失败。

李白可以说是中国最伟大的诗人了，他的诗壮丽奇伟，逸兴满怀，富有积极的浪漫主义色彩，被后人尊为“诗仙”。“李白斗酒诗百篇，长安市上酒家眠。天子呼来不上船，自称臣中酒中仙！”这是何等胸怀，何等飘逸！所以，若说李白是诗坛上的谪仙、文坛中的骄子，是没有人敢摇头的。但是，如果因此就断定李太白必然具有与诗才一样高超的政治与军事才能，不仅应执诗坛之牛耳，也应当执掌政治与军事上的衡要，那就未免以偏概全，一叶障目了。

然而，令人遗憾的是，就连诗才齐天的李白，也不能摆脱世俗的风气，照样走进了这个死胡同，颇觉得在政治上和军事上，同样与他汹涌的文思一样，会有高人一筹的才能出现，故此在政坛上应和在诗坛上一般，笔扫千军，雄视万古。但是，世上偏无伯乐，看不到他这旷世奇才，于是他一方面放情诗酒，一方面郁郁寡欢，等待时机。

后来，“时机”终于被他等到了，那就是“安史之乱”发生后，他应永王李璘之聘，参加了抗敌阵营内的分裂活动。不过，最后的成绩却是不光彩的，被俘后远流夜郎。虽然遇赦未去，但无情的事实却已证明：李白在政治上可不像他的诗才一样，实在是不够雄壮。

当“安史之乱”发生后，唐玄宗李隆基逃往四川，太子李亨则留在内蒙，领导抗敌，并自立为肃宗。从当时中国的局势来看，这无疑是符合国家利益的，所以，当时各派政治势力的正确作法应当是团结一致、同仇敌忾，而不是乘机争权夺利、另立山头。但是当时任江陵大都督的永王李璘却是一位权势欲很大的野心家。他置国家于不顾，利用自己的势力，争夺王位。此时，真正的有识之士和政治上稍微敏感的人，都能看出永王的用心，而李白却直愣愣地参与了进去，仅从这一点就可以看出，他的名利心不但过重，而且政治嗅觉也实在过于不敏感。就凭这两下子，又怎么能轻易地自比谢安石，而要“为君谈笑净胡沙”呢？后来，他自己说什么“避地庐山，遇永王东巡胁行”，那简直纯属为自己解脱了。

我们不能说李白不是天才，更不能说是愚盲，但是正因为钻进了孤芳自赏的死胡同，“天生我才必有用”的陷阱，所以最后只能是一败涂地。

家在加州伦敦的玛丽亚被获准去一个远在南非沙漠深处的军事基地，看望阔别三年的恋人。当她来到基地时，恰巧恋人到海外执行任务，玛丽亚决定留下来等他回来。

恋人一个月后回来了，玛丽亚对他急急地讲述到这里后的孤独和寂寞：基地周围都是沙漠，看不到几棵绿树。特别是附近的居民一看就是愚昧无知的土著人，和他们语言不通，每天只好把自己锁在小屋里。

恋人笑了说："这里生活很美，不信，你走出小屋。"

半信半疑的玛丽亚试着去和周围的世界接触。她忽然发现，头顶的星空比在屋里向外望的那一块辽阔美丽多了，而那些看起来愚昧的土著人对她也十分友好。在晴朗的夜色下，部落里的一百多人燃起熊熊篝火，为她跳起了激情的舞蹈。玛丽亚后悔早没有从小屋里走出来。两个月不知不觉地过去，玛丽亚对这一片土地竟流连忘返。回到美国后她根据日记写出了畅销全国的沙漠游记。

这是生活里的一个真实故事。其实，世界美不美，生活好不好，关键在于你要走出"关"着自己的小屋。

孤芳自赏，封闭自我，生命就会长满荒芜；融入集体，热爱生活，即使沙漠也会成为生命的绿洲。像玛丽亚一样，走出小屋吧！绚丽多彩的阳光就照耀在我们身上。

现实生活中就是这样。一个对周围真诚感兴趣的人两个月结交的朋友比另一个力求使周围的人对他感兴趣的人两年结交的朋友还要多。所以千万不能再孤芳自赏了。

不过，我们知道有一些人一生都在努力使别人对他感兴趣，而他们自己对谁也没表示过任何兴趣，当然，这不会有什么反馈。他们对谁都不感兴趣，他们只对他们自己感兴趣。

纽约电话公司为调查人在通话中使用次数最多的是哪个词，详细调查了人们的通话。这个词是人称代词"我"。"我"字在500次电话通话中使用了3990次。"我""我""我""我"……

重视自立是对的，但忽略别人也是不对的，一味地强调自己、欣赏自己，别人会怎么看呢？有句歌词唱得好："孤芳自赏最心痛。"看看周围的美丽世界吧！

著名的魔术师霍瓦特·土斯顿，40年里他走遍了全球。他的魔术令观众目瞪口呆，6000万观众看过他表演，他挣了近200万美元。

当有人请求土斯顿披露他成功的秘诀时，他说，魔术书有上百种，人们读的书并不比他少。但是，土斯顿有两个常人没有的优势：第一，他善于在台上表演。他是一个技艺非凡的演员，深谙人的本性。每一个手势、语调、微笑都经过了精心的研究。第二，土斯顿对人们真正把感兴趣。很多魔术师看着观众，心里自言自语："来的都是些头脑简单的人。我随便糊弄他们。"土斯顿完全持另一种观点。他每次出场，都这样对自己说："我感谢这些来看我演出的人。靠他们的帮助，我的生活才有了保障。我应尽量为他们表演好。"

所以，真诚地对周围的人感兴趣，你就会从孤芳自赏的阴影里走出来，和大家一起分享生活的美好。

实话实说须谨慎

从前，有一个憨厚老实的人，什么事情他都照实说，所以，他不管到哪儿，总是被人赶走。他变得穷困潦倒，简直无处栖身。最后，他来到一座修道院，指望自己能被收容。修道院长见过他，问明了原因以后，自觉“热爱真理，并且尊重那些说实话的人”，于是，把他留在修道院里安顿下来。

修道院里有几头已经不顶用的牛，修道院长想把它们卖掉，可是他不敢派手下的人到集市去，怕他们把卖牛的钱私藏。于是，他就叫这个诚实人把两头老母牛和一头小牛牵到集市上去卖。诚实人在买主面前只讲实话：“尾巴断了的这头母牛很懒，喜欢躺在稀泥里。有一次，长工们想把它从泥里拽起来，一用力，拽断了尾巴；这头秃牛特别倔，一步路也不想走，他们就抽它，因为抽得太多，毛都秃了；这头牛呢，是又老又瘸。”“如果干得了活儿，修道院长干吗要把它们卖掉啊？”结果买主们听了这些话就走了。这些话在集市上一传开，谁也不来买这些牛了。于是，诚实人到晚上又把它们赶回了修道院。听完诚实的人讲述集市上发生的事，修道院长怒气冲冲对他说：“朋友，那些把你赶走的人是对的。不应该留你这样的人！我虽然喜欢实话，可是，我却不喜欢那些跟我的腰包作对的实话！所以，老兄，你滚得远远的吧！你爱上哪儿就上哪儿去吧！”

就这样，诚实人又从修道院里被赶出来了。

这个人没有人会说他不诚实，可是没有一个人会说他不“傻”，他简直是老实过头了，这样的实话实说不坏事才怪，更不用说交朋友了，朋友也会被他吓跑的，他的下场对他的处罚算是够轻的了，重者，孤独落魄！

所以我们要明白一点，真诚的核心和灵魂是利他人，也就是与人为善。如果对别人来说，“谎话”更合适、更容易接受，又不会伤害任何人的利益，我们不妨放弃对“完全诚实”的执着。但在任何时候，都绝不能为了个人利益而放弃诚实。那些经常为私利表现不诚实的人是不会获得好下场的。

实话实说，不是有话就说；实话实说，也不能有话就藏，而是要说与藏结合，而且是建立在有利于大家的公共利益基础上的，这样的实话实说才能获得别人的欢迎，这才能有个好的人缘。

在这里我们并不是不提倡实话实说，说实话又有时候确实讨人喜欢，这种场合下就比较适宜，所以实话实说，一定要分场合。所以，崔永元的“实话实说”节目做得好，就是因为他把话摆在了公众的面前，而且都是关系民生切身利益的实话，有哪一个人会不喜欢呢？

聪明人知道，人无论处在何种地位，也无论是在哪种情况下，都喜欢听好话，喜欢受到别人的赞美。的确，能力有大有小，毕竟是尽了自己的一分力量，当然希望自己的努力得到他人和社会的认同，这也是人之常情。会为人处世的人，此时必然避其锋芒，即使觉得他干得不好，也不会直接对其说出来。那些憨厚老实的人，此时也许要实话实说，这就让人觉得你太过没有头脑。有锋芒也有魄力，在特定的场合显示一下自己的锋芒，是很有必要的，但是如果过火，不仅会刺伤别人，也会损伤自己。

实话实说，一定要说到点子上，让它起到画龙点睛的作用。

形影不离须谨慎

娟娟和丝丝是大学到研究生的朋友，两人刚一认识就有相见恨晚的感觉，整天形影不离，彼此没有秘密，学校宿舍的东西一起用，在外面吃饭买单也从来不分你我，她们的关系简直到了亲密无间的地步。但几年之后，两个人却由于一点小事发生口角。本来是一件非常不起眼的小事，但两人却越闹越凶，彼此都翻起旧账，认为自己比对方付出得多，丝丝觉得对方洗脸总用自己的洗面奶，而娟娟觉得每次在外面玩都是自己买单……两个人越吵越厉害，旧账越算越多，越多就越算不清楚。就这样，两个昔日亲密无间的朋友成了陌路人。

原来太过于形影不离也会导致友谊的破裂。

寒冷的冬天，一群豪猪挤到一起取暖，但各自身上的刺迫使它们一触即分，御寒的本能使它们又聚到一起，疼痛则使它们再次分开。如此再三再五，它们终于找到了相隔的最佳距离——在最轻的疼痛下得到最大的温暖。

我们似乎可以在豪猪身上学到一些东西：防身的东西偏偏有时会成为妨身的东西，正所谓一利与一弊。豪猪在最佳距离里成为表率。

所以，人与人之间的相处就是像他们一样，保持适当的距离，不能过于亲密也不能过于疏忽，中间正好。

我们可以先从审美的角度来分析一下距离是如何产生美的。就说《泰坦尼克号》里的那一艘巨型轮船载着满船的游客在大海中航行，在轮船的前方有几座冰山，形状各异，煞是好看，船上所有人的眼球都被这一美丽的景观所吸引，这时的冰山在人的眼里和心里都是美的，因为这时候的冰山和人只是纯粹的审美关系，没有任何危险的因素掺杂其中。冰山和人是有距离的，这种恰当的距离形成了美。随着轮船的加速前行，由于船速过快和其他一些技术上的原因，轮船失控，眼看船就要撞到冰山上，船上所有的人手足无措、诚惶诚恐。这时冰山在人们的心中已不再是纯粹的审美对象了，因为它已经和人的命运息息相关。这时冰山和人的距离被打破了，美自然也就消失了。

看来，距离的问题我们必须重视，在和朋友相处时，其中，肯定会有一些你亲密无间的伙伴、腻友，在女性中更为普遍。她们是朋友中的坚实后盾。她们“臭味相投”，知根知底。

她们在彼此身上花费大量时间，太阳一出来，她们就泡在一起喝茶；太阳一落山，她们就坐在一起吃东西；等到月亮升起的时候，她们又腻在一起泡酒吧了。她们在邮件里制造绯闻，在 BBS 里交换读书心得，在酒吧里笑侃最新男伴，从南说到北，无所不谈。

这样的朋友真可谓形影不离啊！

在和这种朋友交往时，他们是可以分享隐私的，但隐私的东西一定要给自己留一个隐秘空间。

罗曼·罗兰说：“每个人的心底，都有一座埋葬记忆的小岛，永不向人打开。”马克·吐温也说过：“每个人像一轮明月，他呈现光明的一面，但另有黑暗的一面从来不给别人看到。”这座埋葬记忆的小岛和月亮上黑暗的一面，就是隐秘空间。有的人在交朋友时，随便侵入朋友的隐私地带，他们认为，朋友之间，应该推心置腹，坦诚相见，所以就不存在什么隐私不隐私。抱有这种观点并侵入朋友隐私世界的人，是不可能交到朋友的，而且还会伤害到别人。不错，朋友之间是应该开诚布公，推心置腹，但在隐私问题上，这个道理是行不通的。如果要交朋友，就不要侵入朋友的隐私世界或者不要把自己的秘密告诉别人。

古罗马哲学家、戏剧家塞内卡说过：“不相信任何人和相信任何人都同样是错误的。”不相信任何人，无疑是画线圈地，自我封闭，永远也不会得到友谊和信任；而相信任何人，则属于幼稚无知，甚至有点傻，终归要吃亏上当。二者都不能取。

所以，这距离的问题就尤为重要了，因为再亲密的朋友也会为自己的利益着想，要是互惠互利可能就会长久，要是牵涉各自的利益时，就会出现裂隙，所以距离是平衡朋友间利益最佳的支点。

人，无论是谁，刚和对方交往时总想给对方留下个好的第一印象，得到对方的赞赏，这是人之常情。

有些人一旦知道对方什么都不懂，态度就变得强硬起来，认为对方水平不过如此，于是就有些飘飘然，硬把自己的意见强加给对方，开始指挥对方行事。但是明白事理的人，即使有时真正知道也装作不知道，如果自己忘乎所以，无话不说，往往很快就会“露底”，露出你的“庐山真面目”。

因此，交往中，只需把自己的实际能力显露给对方就可以了。千万不要装腔作势，逢场作戏，以假乱真，这一点必须引起重视。

但是，有时偶尔夸大自己的实际水平，也能增强自己的实力。必要时可以适当夸大其词，不过在不懂装懂时，对问题应有自己的理解，同时，当问题出现时也应及时向对方请教。具备这种涵养很必要，否则不仅给自己，还会给他人增添不少麻烦。

这种装腔作势、不懂装懂还只是逢场作戏的一种，还有一种就是许个空头承诺，到头来让对方扑了个空。

在与人交往时，我们常会听到或说过那些并非出自本意的客套话，而人们对于这种社交辞令也往往并非重视。

比方说，当一群人在谈论电影时，你可能会听到这样的对话：

“我非常喜欢欣赏电影，尤其是刻画现代人的生活的电影。”

“你喜欢那样的电影啊！真巧，我认识一位影院经理，他们的剧场最近要推出你欣赏的电影，这样吧！改天我帮你要一张门票。”

这是极典型的双方均不认真的社交会话。如果说这是约定，倒不如说它是谈话时的润滑剂。

可惜的是，现代人在面对自己曾许下的诺言时，常以马虎轻率的心态处理。

比如说，有人以为逢人便说“改天我们去吃个饭吧”或“改天我们去喝杯咖啡”是八面玲珑的做法。

实际上，所得到的效果却适得其反。

在表面，对方也许会因场面的关系而应声附和，但在私底下却对你经常开空头支票产生反感，对你的信赖更是逐渐减低，你的人缘也就越来越差。

逢场作戏，逢人就演你的戏，演来演去就会露出破绽，让对方一眼识破。知道了你是什么样的人，别人也就会避而远之，你在你的“场”上越来越孤单，最后在你的周围可能就只剩一个你了。

所以，在人际交往中，逢场作戏的把戏还是不要的为妙。

单枪匹马须谨慎

台湾作家柏杨曾说过：一个中国人是条龙，三个中国人是条虫。而且这话越传越广，不管它是否完全符合现实，但的确反映了我们中国人合作精神的缺陷：遇事喜欢单打独斗，单枪匹马行天下。我们对于“吃自己的饭，流自己的汗”的气概很是欣赏，男子汉大丈夫本就应自立于天地之间，天下熙熙，皆为利来；天下攘攘，皆为利往。谁没有私心，谁没有欲望，人生一世，谁不渴望成为好汉，轰轰烈烈地干一场，然后让世人都知道？谁不希望像刘备一样扬名四海，名载史册？于是，为了实现自己的理想，达到自己的目的，就不择手段，单枪匹马上阵，生怕别人抢了自己的功劳，把自己淹没，到头来什么也占不着，还把自己的精力全消耗完了，再也提不起精神去打打杀杀了。在非洲丛林中，号称丛林之王的狮子往往长期处于饥饿之中，是什么原因呢？答案就是狮子捕猎的时候都是独来独往，而丛林里另一种食肉动物——鬣狗，则是成群活动，大的鬣狗群有数百只，小的也有几十只，它们很少自己猎食，而是等狮子把猎物杀死以后，从这个丛林之王嘴里抢食！

虽然单个鬣狗对于强大的狮子来说根本不值一提，可是成群的鬣狗团结起来却让这个丛林之王却步——争夺的结果，往往是狮子在旁边看鬣狗分享自己辛苦狩猎的成果，等到鬣狗吃完了拣一些残羹冷炙聊以果腹。

朋友圈中有这么一种人，他们像狮子一样，能力超群，才华横溢，自以为比任何人都强，连走路的时候眼睛都往上看，他们藐视人生规则，不把朋友的忠告当回事，甚至连上司的意见也置若罔闻，在以团队合作为主的人群里，他们几乎找不到一个可以合作的朋友。

独木难成林，再优秀的人，如果不能与团队合作，也难取得成功。这是千古不变的至理名言。

在公司中，我们不难发现那种很有才华，但却喜欢吃独食的人。这样的人让公司的管理者非常苦恼。一位总经理提到自己当年在某大公司做策划部主任，遇到了一个非常没有团队意识的员工时说："我的部门里有这样的一个年轻人，明明极为聪明，他的策划案创意非常有新意，点子也非常多，但是当公司开策划会的时候，他从来不主动发言，你问到他头上，他也不一次把所有想法都说出来。可你要求他自己出策划案时，那些火花、创意，又让你不得不承认他做得漂亮。他总是自以为是，而且公开宣称我自己的创意为什么要给别人？我几次跟他谈过，一个部门的成就是大家一起缔造的，在一个集体里没有与自己无关的事。可他说，不是我分内的事我为什么要替别人操心？唉，人是聪明人，就是没有团队意识。"

这样的人个人意识特别浓。与团队意识相对立的就是个人英雄主义，一味地追求个人卓越而忽视或无视团队的成败。但是创意只有在碰撞中才会产生耀眼的火花，个人意识太强的人不会与别人产生碰撞，也不会有团队的创意。因此，尽管他很聪明，但他的优秀就长远来看也是昙花一现的。因为一根筷子很容易被折断，十根筷子则不容易被折断。这样的人应该问问他：愿意做一根筷子还是十根中的一根呢？

单枪匹马在任何工作中都不可能出彩。

美国航天工业巨子休斯公司的副总裁艾登·科林斯曾经评价史蒂夫说："我们就像小杂货店的店主，一年到头拼命干，才攒那么一点财富。而他几乎在一夜之间就赶上了。"

史蒂夫 22 岁就开始创业，从一清二白打天下，到拥有 2 亿多美元的财富，他仅仅用了 4 年时间。不能不说史蒂夫是一个创业天才。然而史蒂夫却因为从来都独来独往，拒绝与人团结合作而吃尽了苦头。

他骄傲、粗暴，瞧不起手下的员工，像一个国王高高在上，他手下的员工都像躲避瘟疫一样躲避他，很多员工都不敢和他同乘一部电梯，因为他们害怕还没有出电梯就已经被史蒂夫炒鱿鱼了。

就连他亲自聘请的高级主管——优秀的经理人，原百事可乐公司饮料部总经理斯卡利都公然宣称："苹果公司如果有史蒂夫在，我就无法执行任务。"

对于二人水火不容的形式，董事会必须在他们之间决定取舍。当然，他们选择的是善于团结员工、和员工拧成绳的斯卡利，而史蒂夫则被解除了全部的领导权，只保留董事长一职。

对于苹果公司而言，史蒂夫确实是立下了汗马功劳，是一个才华横溢的人才，如果他能和手下员工们团结一心，相信苹果公司是战无不胜的。可是他却选择了孤立独行，这样他就成了公司发展的阻力，才华越大，对公司的负面影响就越大。所以，即使是史蒂夫这样的出类拔萃的老员工，如果没有团队精神，公司也只好忍痛舍弃。

随着企业规模的日益庞大，企业内部分工也越来越细，任何人，不管他有多么优秀，仅仅靠个体的力量来发展整个企业是不可能的。所以，现在世界上各大优秀企业，包括世界 500 强这样的顶级企业，都在强调职工要具有良好的团队精神。

一滴水，只有溶入大海，才永远不会枯竭；一个员工，只有充分地融入整个企业、整个市场的大环境当中，他的能力才能充分地发挥，才能创造更大的经济效益。

协作才能发展，协作才能胜利，这已经成为今天很多企业领导者的共识。合作产生的力量不是简单的加权，团队的力量远远大于一个优秀人才的力量，协作的力量要大于每一个人力量的总和。

当年拿破仑带领法国军队进攻马木留克城的时候，一向所向披靡的法国军队遭到了顽强的抵抗。原来马木留克兵都很高大，一个法国士兵根本打不过一个马木留克士兵。后来法国人发现，两个法国士兵就可以打过两个马木留克兵，而一群法国士兵就可以胜过一群马木留克兵。原来马木留克兵虽然高大强悍，却不重视合作，作战时都只顾自己打，同伴之间缺少接应。于是，法国士兵调整战术，避免跟他们单打独斗，靠着相互协作，最终击败了马木留克兵。这就是团结合作的胜利。

有的人说 1+1=2，团队有那么大的力量吗？让我们看看"蚁团效应"。蚂蚁是自然界最团结的动物，这种团结在遇到危机的时候，表现得最充分。当蚂蚁的巢穴面临洪水的威胁，它们的生命系于一线时，它们会牢牢地聚在一起，形成一个巨大的蚁团。当洪水袭来，蚁团外围的蚂蚁被洪水无情地卷走了，这些蚁团被一层层地掀下来，但是仍有部分蚂蚁幸存下来。同样，当大火袭来，它们也是采取这种方法，虽然外围蚂蚁一个个牺牲，但是这个蚁团并不散开。这就是著名的“蚁团效应”！一个团队里的每一个成员要都有这种蚁团精神，凝聚在一起，那么就没有过不去的坎。

因为团结就是力量，就是战斗力，所以很多公司都是以团结意识作为衡量员工的标准。微软公司副总裁李开复博士在讲到团队问题时说：“团队精神是微软用人的最基本原则。像 Win2000 产品的研发，微软公司有超过 3000 名开发工程师和测试人员参与，写出了 5000 万行代码。如果没有高度统一的团队精神，这项浩大的工程根本不可能完成。”

所以，请把个人的目标融入集体中吧，单枪匹马闯天下的时代已经过时，现在需要的是合作。

一视同仁须谨慎

人际交往中，我们往往愿意趋近那些有权有势的“显赫”人物，对他们趋之若鹜。许多人绞尽脑汁，千方百计找人托人帮忙，要与这些人拉上关系，说到底无非是为了在适当的时候让对方为自己出点力。但这种靠溜须拍马，送礼拉关系建立的人缘是为人们所不齿的，也是不长久的，一旦对方“风吹墙倒”，你经营的一切也就同时消失了。

所以，我们的交往，应该针对一切人，平等交往，不因对方的名誉、财富、身份、地位而异，我们看重的不能只是这些外在的东西，而是一个人的内涵，他的人品，他的内在潜能，一旦与这些人结成人缘，或者可以成为我们人生的导师，在你彷徨迷路时指点你；或者成为你的挚友，可以与你共享欢乐，分担忧愁；或者在你最孤立无援时拉你一把。不要轻视任何人，每个人都有他的优点和特长，说不定你的弱项正是他们的强项，说不定关键时刻给你帮助最大的正是你平时忽略了的人。不要轻视一个人的职业，每一份存在的职业都有它的作用。整个社会是一台庞大的机器，任何一个不起眼的职业就是一枚小螺丝钉，一旦缺少话，机器迟早会出现故障。你的生活离不开别人的细小的工作，你吃的每一口饭，你穿的衣服，可以说你的一切的一切，都凝聚着无数人无法计量的细微的工作。

所以无论什么样的朋友，你都应该把他存入你的朋友圈存折，把一视同仁灵活化，将朋友分个等级，不同等级不同对待。

把朋友分等级，的确需要你费些脑筋，每个人都有主观的好恶，因此有时会把一片赤心的人当成一肚子坏水的人；也会把凶狠的狼看成友善的狗，以至于旁人提醒时自己仍然很执着，非等到被朋友害了才如梦初醒。将朋友分等级是相当困难的，然而，人性是复杂的，你必须面对现实，你非得强迫自己把朋友分等级不可。当你思想上做好了分等级的准备时，交朋友就会比较冷静客观，可把朋友对自己的伤害减到最低！要把朋友分“等级”，对那些十分注重感情的人可能比较难，因为这种人往往在别人尚未把自己当朋友时，就早已投入感情，而且把朋友分等级，他也会觉得有无情感。

但是，将朋友分等级，不同等对待，是拓展朋友圈、经营好朋友圈十分关键的一课。

夜郎自大须谨慎

有一天，东郭先生派了三个弟子到襄阳去。

当东郭先生送他们到路口时，说道："从这儿往南走，全是畅通的大道，你们沿着这条道路走就对了，别走岔路啊！"

他们三个人向南走了五十多里时，却遇上了一条大河流，横在老师指示的正前方。他们左右观察了一下，发现沿河走半里左右，便有一座桥可行。

这时，其中一个小弟子说："那儿有座桥，我们从那儿过河吧！"

但是，二徒弟这时却皱着眉头说："这怎么行？老师要我们一直往南走啊！我们怎么能走弯路呢？这不过是个水流罢了，没什么可怕的。"

说完之后，三个人互相扶持，一起涉河而过，由于水流相当湍急，好几次他们都险些葬身河底。

虽然全身都湿透了，但也总算安全地过河了，他们继续赶路，又往南走了一百多里时，再次遇上了阻碍。

这回，他们遇到一堵墙，挡住了前进的道路。

这次，小弟子不再听其他两个人的意见了，他坚持说："我们还是绕道走吧！"

但是，大弟子和二弟子却固执地说："不行，我们要遵循老师的教导，绝不违背，因为我们一定能无往不利。"

于是，大弟子和二弟子朝着墙面撞去，只听见"咚"的一声，两个人被弹倒在地上。

听不进别人意见的人通常是以自我为中心的，有一种夜郎自大的表现，甚至在别人告诉他，他的家人发生了意外时都没有任何反应。如果对别人说什么都不感兴趣，那么别人对你失去兴趣时你也大可不必惊讶。

"聪明人总以为自己比别人知道得多。"洛克菲勒集团的副总裁布雷特恩·塞克顿说道，"这离无所不知也就只一步之遥了。"

约翰·桑诺智商颇高并常以此炫人。这位好战的新罕布什尔前川长和白宫办公室主任在国会里频频树敌，却又不愿斡旋化解。桑诺曾轻慢过密西西比的参议员洛特，揶揄他"微不足道"，可洛特后来成为共和党参议员主席，桑诺不免大为尴尬。

高智商的桑诺甚至做出一些无异于政治自杀的蠢事，他使用军用飞机以个人名义到处视察，结果触犯众怒。可当他正需要人出面为之辩说时，他的手下人却纷纷倒戈，从此桑诺的政治生涯结束了。

这就是夜郎自大的下场。

如果对他人采取轻视的态度，这对自己绝无半点好处。因为你刺伤他的自尊心，他自然会对你产生敌意。影响所及，你的人际关系必定一落千丈，连带造成事业的失败。桑诺的下场就是很好的例证。

那些卓有成就的人士和真正聪明的成功者都能明了夜郎自大所蕴含的教训。他们乐于倾听他人意见，绝不自命清高；他们能与各种各样的人打交道，绝不画地为牢；他们遇事深思熟虑，也深知自己才智的有限。

山姆·沃尔顿就是这样一位真正的商业才子。这位以 5 美元起家而到如今拥有 550 亿美元的沃尔玛王国的商界大亨，从不满足于待在他的公司总部里，而是坐着他的飞机到各地去考查他的那些全世界各地的连锁店。他能耐心倾听各种各样的"同事"（他称雇员为"同事"）们的意见，甚至常常亲自站柜台将商品装在购物袋里递给顾客。

能把自己架子放下的人，绝对可以有朝一日飞黄腾达，夜郎自大只能把自己毁于一旦，而谦虚谨慎则永远使人进步。

有位大企业家，常对别人说："我仅有小学毕业的学历。"但是，他实际上却拥有高学历，他之所以贬低自己，无非是要使别人在心理上产生平衡感，让别人觉得轻松。同时，自己还不能收到一些有用的信息来壮大自己。

1990 年，人们发现斯坦福大学使用纳税人的钱做一些与研究无关的事，诸如购买快艇和为校长唐拉德·肯尼迪的新偶举行招待会。事情败露后，肯尼迪并不愿为此道歉，相反却执迷不悟地声称政府的基金可用来支付与研究有关的“间接开支”，诸如餐巾、桌布和在他家里举行的晚会。他夜郎自大地说：“哪怕是我家里的一朵鲜花，也是与研究活动有关联的。”

肯尼迪自鸣得意的辩解引起哗声一片。一位斯坦福大学的职员说：“他似乎是认为无论他做什么都是正当的——只要是他做的。”几个月后，肯尼迪就被迫辞职了。

如果不是肯尼迪的自负，说不定他的政治生涯还会更长久些，可惜啊！

“有许多事我以为是对的，但是试验之后，我却发现自己错了，因此我无论对于什么事都没有一种很自信的判断。如果某事临时使我觉得不对，我便可以马上抛弃自己原有的观点。”这是科学家爱迪生的表白，凡是大科学家也都莫不如此。

更何况作为凡人的我们，自己的能力更是有限的，更要善于把别人的看法巧借过来为我所用，对于别人中肯的意见一定要虚心接受，一个好的建议说不定就可以壮大自己。

这里有一条很重要的原则应该记住：自信很重要，但千万不能让自信转为自负。

远离“舒适圈”，呼吸新鲜空气

有一位女孩叫阿莲，读高中一年级。随着青春期的到来，她慢慢地产生了摆脱父母的心理。开始有自己的书房和小书桌，每天偷偷地写日记后，藏在抽屉中。不让妈妈看。她希望用自己的内心去感受世界，可是面对形形色色的现实世界，繁杂的人际关系以及沉重的学习压力，阿莲又感到一种内心的不安全。于是，她开始变得孤僻，害怕人际交往，心中产生一种莫名其妙的封闭心理。有时，一个人跑到小河边望着静静的河水流泪，顾影自怜。她渴望与同学进行交往，羡慕其他同学快快乐乐、轻轻松松地参加集体活动，可她却又害怕主动与别人交往，还抱怨别人对她不理解、不接纳。

这种心理特征就是心理自我封闭，与外界隔绝，生活在个人小圈子里，难以与人交往，发展到一定程度，也就形成了一种疾病。

因为阿莲给自己营造了自己的“舒适圈”！把自己锁在了安逸的窝里，把外界想象得过于深不可测，其实外面的世界很精彩，尝试从你的“舒适圈”走出去，呼吸一下外面的新鲜空气，说不定有意外的收获。

在一个小村庄里，由于过去曾发生过几件不愉快的事，导致村民之间相处得很不融洽，家家户户自扫门前雪，别说互相帮助了，见了面也熟视无睹而且还时不时为一些芝麻绿豆大的小事争得面红耳赤，闹得整个村落鸡犬不宁。

村长很想改善目前的窘境，不希望这股相敬如“冰”的风气继续蔓延下去，于是请来了一个外地人帮忙。

这个外地人自称是技艺精湛的魔术师，并通告乡里说：“我有一颗神奇的魔法铲，只要用这个铲炒出来的菜，就会是天底下最美味的一道菜，口说无凭，我可以当场试验给你们看！”

村里的人听说了这件神奇的事，开始议论纷纷，有人搬来了家里的大锅，有人搬来了家里的大炉子，有人自愿提供木材，也有人自动自发地生火，全村的人围着村子中央的空地，静心等待魔术师的精彩表演。

魔术师煞有介事地在锅里放了油，把青菜放入锅中，魔法铲翻炒几下，然后带着遗憾的神情对大家说：“这么一点点哪里够这么多人吃？如果可以再多一点菜，那么大家就都可以吃得到了。”

于是，有人飞快地从家里拿了青菜出来。魔术师把青菜放入锅中翻炒，试了一口，然后兴奋地说：“真是太美味了！如果可以再加一点盐，或是一点肉丝，那就更可口了。”

大伙儿听了口水直流，盐、肉和其他的调味料也很快地送到了魔术师的手上。

没多久，魔术师的锅里已经装满了佳肴。

这盘菜刚端上桌，就已经被大家你一口、我一口，吃得盘底朝天，村民们发现，这果真是天底下最好吃的一道菜！

虽然是一则小小的故事，但他的寓意很深奥，各家自扫门前雪，各家吃各家的饭，天天都一样的菜，一样的调料，当然吃不出新鲜来。但如果和大家一起吃，那肯定有滋有味。

关于人际交往也是一个道理，一个人整天蒙在自己狭小的圈子里，就像井底之蛙，当然不知道井口之外的天是多么的奇妙，但是和大家一起分享，把你知道的和他知道的汇合，那就不只是井口大的天了。

如何走出你的舒适圈呢？

1. 初步建立“圈子”

有米才成炊，“圈子”要靠自己一点点聚拢才能成型。号称“中国台湾第一报人”的高信疆先生。在创办《人间副刊》之际，没人愿意为其投稿，只能自己“造米下锅”。但他坚持不懈，每天会写20封信，不管认识不认识，不管能否接到回信。坚持的结果是，“米多锅少”，就一再扩版，成就了以副刊带动整个报纸的辉煌。

而他自己的“圈子”也同时扩大了规模。你可以推而广之。每天发 20 封电子邮件，不怕陌生、不怕不熟。联系多了，顺其自然就成了你“圈”中之人了。

成功建立关系网的关键是和适当的人建立稳固的关系。很好的人际关系能提高你生活的情趣，让你了解周围所发生的一切，并提高交流的能力。

2. 扩大“圈子”

“圈子”不能一成不变，像盖好的楼盘，要想着开发二期。在打造关系网的过程中，已经认识的人很重要。你目前的联络网是奠定你未来关系网的原料。他们都有自己的熟人，而他们所熟识的人又有自己的熟人。总是几张熟得不能再熟的脸相对，哪还有新鲜感？现在，高先生虽说已无暇每天写 20 封信，但他依然约束自己每天至少给新朋老友打 5 个电话，所以他的“圈子”还在扩大。你的“圈中人”不可能只认识你一个，不妨互相交换，带好各自的朋友扩大联盟。这样交叉着，你的“圈子”很容易扩张，你的获得就永远新鲜。

3. 拥有不同的“圈子”

物以类聚，人以群分，这个“分”当然有其特定的标准和规则。但当这个标准或规则太具有功利性时，“圈子”有时就会从圈住共同东西的领域变成了阻碍人迈出脚步的套子。这时，“圈子”便不知不觉变成了圈套。别让圈套套住你的最好办法，就是拥有几个不同的“圈子”。涉猎广泛一些，发挥自己不同的侧面，就很容易拥有不同的“圈子”。

成功在很大程度上取决于你拥有多大的权力和影响力，与恰当的人建立稳固关系对此至为关键。

不想做个平庸的人，那就走出来吧！